普通高等院校电气信息类专业项目驱动系列教材
普通高等教育应用型本科院校重点建设系列教材

物联网工程规划与设计

主　编　吴　瑕　杨　玥　张　研
副主编　刘申菊　高　晶　于旭蕾
　　　　胡元元　田　丹　郎玉庆

北京理工大学出版社
BEIJING INSTITUTE OF TECHNOLOGY PRESS

内 容 简 介

物联网工程是为实现预定目标而将物联网的各要素有机地组织在一起的工程。物联网工程的规划与设计涉及范围广，主要包括计算机信息工程、通信工程、网络工程、控制工程等领域。本书以物联网设计为主线，以网络工程规划为重点，从工程实施方法论的角度，按照工程逻辑来组织内容。

为了激发读者的学习兴趣，让读者能以工程思维、系统思维了解物联网工程设计与实施的任务和方法，并能将其应用于建设具体工程项目，本书以智能园区规划与设计项目为驱动，以便读者带着项目任务进入学习，在做项目的过程中逐渐掌握完成任务所需的知识和技能。

本书适合作为高等学校物联网工程专业、网络工程专业及相关专业的"物联网工程规划与设计"课程的教材，也可供物联网工程相关建设单位的技术人员参考。

图书在版编目（CIP）数据

物联网工程规划与设计/吴瑕，杨玥，张研主编. —北京：北京理工大学出版社，2020. 3（2022.3重印）

ISBN 978 – 7 – 5682 – 8265 – 9

Ⅰ. ①物…　Ⅱ. ①吴…　②杨…　③张…　Ⅲ. ①互联网络 – 应用 – 高等学校 – 教材 ②智能技术 – 应用 – 高等学校 – 教材　Ⅳ. ①TP393.4②TP18

中国版本图书馆 CIP 数据核字（2020）第 053566 号

出版发行／北京理工大学出版社有限责任公司

社　　　址／北京市海淀区中关村南大街 5 号
邮　　　编／100081
电　　　话／（010）68914775（总编室）
　　　　　　（010）82562903（教材售后服务热线）
　　　　　　（010）68944723（其他图书服务热线）
网　　　址／http：//www.bitpress.com.cn
经　　　销／全国各地新华书店
印　　　刷／三河市华骏印务包装有限公司
开　　　本／787 毫米×1092 毫米　1/16
印　　　张／10.25　　　　　　　　　　　　　　　责任编辑／梁铜华
字　　　数／241 千字　　　　　　　　　　　　　　文案编辑／曾　仙
版　　　次／2020 年 3 月第 1 版　2022 年 3 月第 2 次印刷　　责任校对／周瑞红
定　　　价／32.00 元　　　　　　　　　　　　　　责任印制／李志强

前　　言

物联网工程规划与设计是一个复杂的系统工程，它包含的内容很多。对照网络工程、通信工程等领域的特殊要求，相关教材可以以物联网应用软件设计为主线，或以物联网设计为主线，或以物联网工程实施为主线；而在具体内容上，可以以基本原理为主，或以案例为主。本书则从工程实施方法论的角度，按照工程逻辑来组织课程内容，这有助于学生以工程思维、系统思维来了解物联网工程规划与设计的任务和方法，并将其应用到具体的工程建设中。

物联网工程规划与设计是一门理论性和实践性高度综合的课程。学生只有在不断加强实际训练的基础上，才能深刻理解物联网工程规划与设计过程，掌握物联网工程所需的知识和技能。为了提升课程的教学效果，强化学生的动手能力，物联网工程规划与设计课程可以采用项目教学的教学方法。目前，有关物联网工程规划与设计的教材较少，并且多以理论为主。因此，结合物联网工程规划与设计项目教学的授课经验来编写项目教学版教材，是十分必要的。

本书采用了"项目驱动教学、任务引领学习"的编写方式，以智能园区规划与设计项目为项目场景，围绕其设计了6个子项目，包括物联网系统需求分析、逻辑网络设计、物理网络设计、数据中心与物联网安全设计、物联网应用软件设计、物联网工程实施与管理维护，将学生需要掌握的理论知识融合在项目的分析和实施过程中，以便学生在学习理论知识的同时可以具备规划与设计物联网工程的能力。项目设计是以工程思想和方法设计的，各子项目之间相互关联，每个子项目必须依据上一个项目的结果来完成本项目的任务，并形成本阶段的工作成果，作为下一阶段工作的依据。

本书既可以作为物联网工程专业及相关专业的物联网工程规划与设计课程的教材，又可以作为设计研究院、物联网工程建设单位、建筑智能化系统集成公司相关技术人员的参考资料。由于学生需要使用计算机进行项目设计，因此建议在实验室讲授本课。本书的授课学时为48~72学时，为了达到更好的授课效果，可配合实训或课程设计。

本书由沈阳工学院的吴瑕、杨玥和辽宁传媒学院的张研主编。具体编写分工：吴瑕、杨玥、张研负责全书的统筹规划；吴瑕、杨玥、张研、刘申菊编写项目1、项目2、项目3；高晶、于旭蕾、胡元元、田丹编写项目4、项目5；吴瑕、张研、郎玉庆编写项目6。

由于编者水平有限，加之时间较紧，书中难免有不足和疏漏之处，望读者指正。

目　　录

项目1　物联网系统需求分析

在物联网工程中，需求分析是获取物联网系统需求并对其进行归纳、整理的过程，以确定能支持物品联网和用户有效工作的系统需求，该过程是物联网工程开发的基础。物联网需求应描述物联网系统的行为、特性或属性，是设计、实现物联网工程的约束条件。无论从工作量还是从重要性来看，需求分析都是物联网工程开发过程中的关键阶段。

1. 任务要求

以某个智能园区为整体项目名称，结合理论知识和提纲模板编写需求分析说明书。

2. 任务指标

完成需求分析说明书的编写，应至少包含以下两部分内容。

(1) 智能园区工程概述：项目描述、功能、用户特点等。

(2) 具体需求：业务需求、用户需求、应用需求、网络需求等。

3. 重点内容

(1) 了解物联网工程的概念、设计目标和约束条件。

(2) 理解物联网工程规划与设计的主要过程、方法与要素。

(3) 掌握需求分析的目标、内容和步骤。

(4) 掌握需求分析的编写方法。

(5) 了解可行性研究的内容和编写方法。

4. 关键术语

(1) **物联网工程**：研究物联网系统的规划、设计、实施与管理的工程科学，要求物联网工程技术人员根据既定目标，依照国家、行业或企业规范，制订物联网建设方案，协助工程招投标，开展设计、实施、管理与维护等工程活动。

(2) **需求分析**：获取和确定能支持物品联网和用户有效工作的系统需求的过程，物联网需求描述了物联网系统的行为、特征或属性，是设计、实现物联网工程的约束条件。

(3) **可行性研究**：在需求分析的基础上对工程的意义、目标、功能、范围、需求及实施方案要点等内容进行研究与论证，以确定工程是否可行。

1.1 物联网工程主要内容

1.1.1 物联网工程的概念

计算机网络工程是指为了达到一定应用目标，根据相关的标准和规范，经过详细地分析、规划和设计，按照可行的设计方案，将计算机网络技术、系统及管理等进行高效集成的工程。

物联网工程是为了实现预定的应用目标，依照国家、行业或企业规范来制订物联网建设方案，将物联网的各要素有机地组织在一起的工程。物联网工程涉及计算机信息工程、通信工程、控制工程、网络工程等，是实现物联网应用的最终途径。

物联网工程是在计算机网络工程的基础上，研究物联网系统的规划、设计、实施与管理的工程科学。物联网工程除了具有一般工程的特点之外，还具有以下特性：

（1）技术人员应全面了解物联网的原理、技术、系统和安全等知识，了解物联网技术的发展现状和发展趋势。

（2）技术人员应熟悉物联网工程设计与实施的步骤、流程，熟悉物联网设备及发展趋势，具备设备选型与集成的经验和能力。

（3）技术人员应掌握信息系统开发的主流技术，具有基于无线通信、Web 服务、海量数据处理、信息发布与信息搜索等要素进行综合开发的经验和能力。

（4）工程管理人员应熟悉物联网工程的实施过程，具有协调评审、监理、验收等环节的经验和能力。

对于一个物联网工程，委托方与承建方所承担的任务有所不同，本书从承建方（乙方）的角度进行介绍。

1.1.2 物联网工程的组成

根据不同的具体应用，对应的物联网工程所包含的具体内容各不相同。通常，物联网工程的基本组成包括：数据感知系统、数据接入与传输系统、数据存储系统、数据处理系统、应用系统、控制系统、安全系统、机房、网络管理系统。

1. 数据感知系统

数据感知系统是物联网工程最基本的组成部分，它可以是条码识读系统、RFID（射频识别）系统、无线传感网、光纤传感网、视频传感网、卫星网等特定系统中一个或多个的组合。

2. 数据接入与传输系统

要将感知的数据传入 Internet 或数据中心，就需要建设数据接入与传输系统。接入系统包括无线接入（如 WiFi、GPRS/3G/4G/5G、ZigBee 等）和有线接入（如局域网、光纤直连等）。骨干传输系统一般租用已有的骨干网络，若没有可供租用的网络，就需要建设远距离骨干传输网络，通常使用光纤或其他专用无线（如微波）系统进行组建。

3. 数据存储系统

数据存储系统包含两层含义：一是用于存储数据的基础硬件，通常用硬盘组成磁盘阵列，形成大容量存储装置；二是保存和管理数据的软件系统，通常使用数据库管理系统（如 Oracle、SQL Server、DB2 等）和高性能并行文件系统（如 Lustre、GPFS、GFS 等）。

4. 数据处理系统

物联网系统在运行中会收集大量原始数据，各类数据的格式、含义、用途有所不同。为了有效地管理和利用这些数据，一般会设计通用的数据处理系统，以实现数据接入和聚合、搜索引擎、数据挖掘等功能。

5. 应用系统

应用系统是物联网工程的顶层内容，是用户能够感受到的物联网功能的集中体现。根据建设目标的不同，应用系统有不同的功能和使用模式。

6. 控制系统

在一个物联网工程中是否需要设计控制系统，应根据具体的物联网应用来确定。例如，智能交通系统需要对交通信号灯进行控制，农业物联网系统需要对水闸、光照系统、温控系统进行控制，因此都需要设计控制系统；而水质监测系统、滑坡检测系统不需要设计控制系统。

7. 安全系统

安全系统是保证信息系统安全、贯穿物联网各环节的特定功能系统，是物联网系统能否正常运行的关键，因此任何一个物联网工程都需要设计有效的安全系统。

8. 机房

机房是信息汇聚、存储、处理、分发的核心，任何物联网系统都有机房（网络中心或数据中心）。机房里除了有计算机系统、存储系统、网络通信系统以外，还应有用于保证这些系统正常工作的其他系统，如空调系统、不间断电源系统及消防系统等。

9. 网络管理系统

网络管理系统用于对物联网工程进行故障管理（故障发现、定位、排除）、性能管理（性能检测与优化）、配置管理及安全管理等。

1.1.3　物联网工程的设计目标

物联网工程的设计目标：在系统工程科学方法的指导下，根据用户需求来设计完善的方案、优选各种技术和产品、科学组织工程实施，开发可靠性高、性价比高、易于使用并满足用户需求的物联网系统。虽然不同物联网工程的具体目标各不相同，但通常应遵守以下原则。

1. 有效性和可靠性

有效性和可靠性是指物联网系统的可连续运行性，这是系统建设必须考虑的首要原则。从用户的角度来考虑，一旦物联网系统无法连续运行（提供服务），就失去了应用价值。

2. 可扩展性

可扩展性是指物联网系统的可伸缩性，即可以方便地对其规模或技术进行扩充。例如：

（1）网络规模扩充。地理位置分布变广、用户数增多。

（2）应用内容扩充。用户需求业务的变化将导致需要添加智能设备，或要求某些网络设备支持多种业务等。

3. 开放性和先进性

开放性是指物联网系统应遵循计算机系统和网络系统所共同遵循的标准，以实现内部系统之间的交流，以及与其他有关领域的交流。

先进性意味着更多的选择和最优的性价比，这将有利于选择最符合要求的产品，在保障系统性能的前提下降低用户投入的成本。

4. 易用性

物联网的应用软件应该简单易学，便于用户使用。

5. 可管理性和可维护性

可管理性和可维护性对整个物联网系统而言至关重要，是否易于管理和维护是衡量一个物联网系统优劣的一项重要依据。

1.1.4 物联网工程设计的约束条件

在进行物联网工程设计时，应重视并尽量满足用户的需求。然而，受多种因素的影响，用户的需求未必都能满足。物联网工程设计的约束条件是指在设计时必须遵循的一些附加条件。若某网络设计虽然达到了设计目标，但不满足约束条件，则该网络设计无法实施。所以，在需求分析阶段确定用户需求的同时，应明确其附加条件。

一般来说，物联网设计的约束因素主要来自政策、预算、时间和技术等方面。

1. 政策约束

政策约束包括法律、法规、行业规定、业务规范、技术规范等。

在网络设计中，设计人员应与客户就协议、标准、供应商等方面的政策进行沟通，弄清楚客户在设备、传输或其他协议方面是否已经有明确的标准，是否有关于开发和专有解决方案的规定，是否有认可供应商（或平台）方面的相关规定，是否允许不同厂商之间的竞争。设计人员应在明确政策约束后开展后期的设计工作，以免设计失败。

2. 预算约束

预算是决定网络设计的关键因素，很多满足用户需求的优良设计往往因为不符合预算而不能实施。最优的设计方案必须符合用户的基本预算要求。

如果用户的预算有弹性范围，则意味着设计人员有更多的设计空间，可以从用户满意度、可扩展性、可管理性和可维护性等角度进行设计和优化。但多数情况下，用户预算是刚性的，可调整的幅度较小，而设计方案需既满足预算约束又达到网络工程设计目标，因此设计人员需积累丰富的工程设计经验。

预算一般分为一次性投资预算和周期性投资预算。一次性投资预算主要用于网络初期建设，包括采购设备和软件、维护和调试等；周期性投资预算主要用于后期的运营维护，包括人员工资、设备消耗、材料消耗和信息费用等。

3. 时间约束

建设进度安排是设计人员需要考虑的另一个问题。项目进度表限定了项目的最后完成期限和各个重要阶段的实施时间，设计人员应根据用户对完成时间的要求来制订合理、可行的实施计划。

4. 技术约束

设计人员应对每一项用户需求进行深入分析，以确定用户所提出的功能需求是当前技术能实现的。对于那些在规定时间内不能实现的需求，设计人员应与用户沟通，共同商讨解决办法。

1.2 物联网工程的设计方法

1.2.1 网络系统的生命周期

网络系统的生命周期是指一个网络系统从构思到最后淘汰的过程。一个周期通常包含PDIOO（规划—设计—实现—运行—优化）五个阶段。但多数网络系统不会仅经过一个周期就被淘汰，往往经过多个周期才被淘汰。一般来说，网络规模越大、投资越多，可能经历的循环周期就越多。

1. 网络系统生命周期的迭代模型

网络系统生命周期迭代模型的核心思想是网络应用驱动和成本评价机制。一旦网络系统无法满足用户需求，就必须进入下一个迭代周期，经过迭代周期后，网络系统将能够满足用户的网络需求。成本评价机制用于决定是否结束网络系统的生命周期。网络系统生命周期的迭代流程如图1-1所示。

2. 迭代周期的构成

每个迭代周期都是一个网络重构的过程，不同的网络设计方法对迭代周期的划分方式有

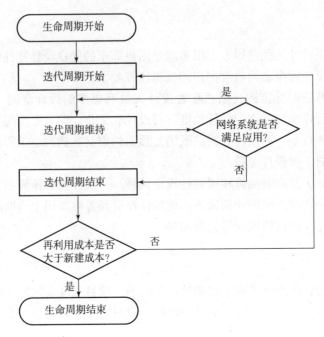

图 1-1　网络系统生命周期的迭代流程

所不同。目前，还没有哪个迭代周期可以完美地描述所有项目的开发构成。常见的构成方式主要有四阶段周期、五阶段周期和六阶段周期。

1）四阶段周期

四阶段分别为构思与规划阶段、分析与设计阶段、实施与构建阶段和运行与维护阶段，如图 1-2 所示。每两个相邻阶段之间有一定重叠，以保证两个阶段之间的工作交接，并赋予网络工程设计的灵活性。

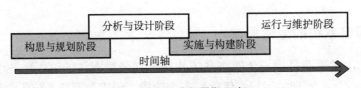

图 1-2　四阶段周期示意

四个阶段的主要工作如下。

（1）构思与规划阶段：明确网络设计与改造需求，明确新网络的建设目标。

（2）分析与设计阶段：根据网络需求进行设计，形成特定设计方案。

（3）实施与构建阶段：根据设计方案进行设备选购、安装、调试，形成可试运行的网络环境。

（4）运行与维护阶段：提供网络服务，实施运行管理。

四阶段周期的优点：灵活性强，容易适应新需求，强调建设周期的宏观管理，简化工作流程，工作成本较低。

四阶段周期的缺点：没有严谨的设计过程和规范。

四阶段周期适用于规模小、需求较明确、网络结构简单的物联网工程。

2）五阶段周期

五阶段周期是较为常见的周期划分方式，即需求分析、通信分析、逻辑网络设计、物理网络设计、安装和维护，如图1-3所示。

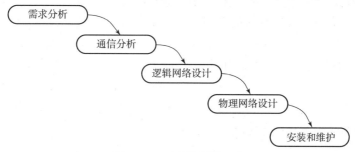

图1-3　五阶段周期示意

五阶段周期的五个阶段相互独立，上一阶段完成后才能进入下一阶段。在下一阶段开始之前，前面的每个阶段的工作必须已经完成。

五阶段周期的优点：工作容易协调，计划在较早阶段完成，所有负责人对系统的具体情况及工作进度都非常清楚；五个阶段划分得较为严谨，有严格的需求分析和通信分析，并且在设计过程中充分考虑逻辑特征和物理特征。

五阶段周期的缺点：灵活性较差，比较死板。若前一阶段的任务没有做好，则会影响后续工作，甚至导致工期延后和成本超支。此外，如果用户的需求经常变化，则需要修改已经完成的部分，进而影响工作进度。

五阶段周期适用于网络规模较大、需求较明确、在一次迭代过程中需求变更较小的网络工程。

3）六阶段周期

六阶段周期是对五阶段周期的补充，对其缺少灵活性进行了改进，增加了测试和优化过程，从而提高了网络工程建设中对需求变更的适应性。

六阶段周期的六个阶段分别为需求分析、逻辑网络设计、物理网络设计、设计优化、实施及测试、检测及性能优化，如图1-4所示。

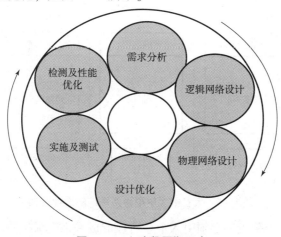

图1-4　六阶段周期示意

（1）需求分析：归纳当前的网络特征，分析当前与将来的网络通信量和网络性能，包括流量、负载、协议行为和服务质量要求。

（2）逻辑网络设计：逻辑拓扑结构、网络编址、设备命名、路由协议选择；安全规划、网络管理设计；生成设备厂商、服务提供商的选择策略。

（3）物理网络设计：根据具体的逻辑设计方案，选择合适的技术和产品，包括局域网技术的选择，网络设备、传输介质（双绞线、光纤或无线网络）、网络设备型号、信息点数量和具体地理位置的确定，以及综合布线方案的设计等。

（4）设计优化。

完成实施前的方案优化工作，通过多种方式（如搭建实验平台、网络仿真、专家研讨等）找出方案中的缺陷，并进行优化。

（5）实施及测试。

根据优化后的方案进行设备选购、安装、调试和测试，若发现网络环境与设计方案有偏离，则需要纠正实施过程，甚至修改设计方案。

（6）检测及性能优化。

在网络运营和维护阶段，通过网络管理和安全管理等技术手段，对网络是否正常运行进行实时监测，一旦出现问题，就及时解决。若不能满足用户性能需求，则需进入下一个迭代周期。

六阶段周期侧重于网络测试、优化和需求的不断变更，有严格的逻辑设计规范和物理设计规范，适用于规模较大、需求变动较大的大型网络建设工程。

1.2.2 设计过程

网络系统设计过程是设计一个网络系统所必须完成的基本任务，是迭代模型的一个迭代过程。

在物联网工程中，中等规模的网络系统较多，且应用涉及范围较广，适合使用五阶段周期形式。根据五阶段周期模型，网络设计过程可以划分为需求分析、通信分析（现有网络体系分析）、逻辑网络设计（确定网络逻辑结构）、物理网络设计（确定网络物理结构）、安装和维护。大多数大中型网络系统的设计过程如图 1-5 所示。

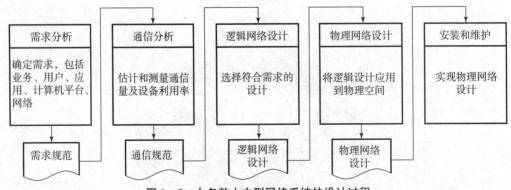

图 1-5 大多数大中型网络系统的设计过程

在这五个阶段，每个阶段都必须引入上一阶段的成果来完成本阶段的工作，并将本阶段形成的工作结果作为下一阶段的工作依据。各阶段的输出结果将直接关系到下一阶段的工作，因此所有记录设计规划、技术选择、用户信息及上级审批的文件等工作成果都应该保存好，以便查询和参考。

1. 需求分析

需求分析是开发过程中最关键的阶段，若在该阶段未将需求明确，则会导致以后阶段工作的目标偏离。

1）需求收集

需求收集是一项费时的工程，需要了解用户建设网络的目的，具体手段包括问卷调查、用户访谈和实地环境考察等。需求收集的重点是将用户模糊的需求转化为一个可以实现和测量的需求，设计人员在需求调研过程中应合理引导用户表述出清晰、可行的需求。

不同用户会有不同的需求，在收集需求时，设计人员应考虑业务需求、用户需求、应用需求、计算机平台需求及网络需求（如带宽）等。

2）需求规范

需求分析的输出是一份需求说明书，即需求规范。网络设计者必须规范地将需求记录在需求说明书中，清楚而细致地总结单位和个人的需要和愿望。在形成需求说明书之前，还需要与网络管理部门就需求的变化建立需求变更机制，明确允许变更的范围。在这些内容正式形成后，开发过程才可以进入下一阶段。

2. 通信分析

通信分析是对现有网络体系的分析，其工作目的是描述资源分布，以便在升级时尽量保护已有资源。在完成需求分析说明书后、设计过程开始前，需要彻底分析现有网络和新网络相关的各类资源。

这一阶段应该给出一份正式的通信规范说明文档，以作为下一阶段的输入。通信分析阶段提供的说明文档应包含以下内容：

（1）现有网络的逻辑拓扑结构图。

（2）网络容量、网段及网络所需的通信容量和模式。

（3）现有感知设备、控制设备的类型与功能。

（4）详细的统计数据、基本测量值和其他反映现有网络性能的测量值。

（5）Internet 接口和广域网提供的服务质量（QoS）报告。

（6）限制因素列表清单，如所需使用的线缆和设备等。

在实际设计过程中，需求分析阶段和通信分析阶段是设计前的准备工作，可以将两个阶段合并一起，编写一份需求分析文档，涵盖现有网络情况和未来设计目标等内容。

3. 逻辑网络设计

逻辑网络设计阶段是体现网络设计核心思想的关键阶段。在该阶段，设计人员应根据需求分析规范和通信规范来选择一种比较适宜的网络逻辑结构，并基于该逻辑结构来实施后续的资源分配规划和安全规划等。

该阶段主要以网络拓扑结构设计、IP 地址规划和子网划分为主，涉及网络管理和网络安全的设计，最后形成一份逻辑网络设计文档，主要内容有逻辑网络设计图、地址分配方案、安全与管理方案、软硬件方案、广域网连接设备方案和基本服务方案等。

4. 物理网络设计

物理网络设计是逻辑网络设计的物理实现，是指选择具体的技术和设备来实现逻辑设计。在该阶段，网络设计者需要确定具体的软硬件、连接设备、布线和服务等。

物理网络设计文档的主要内容有：

（1）网络的物理结构图和布线方案。

（2）设备和部件的详细列表清单。

（3）软硬件和安装费用的估算。

（4）安装日程表，用于详细说明服务的时间及期限。

（5）安装后的测试计划。

（6）用户的培训计划。

5. 安装和维护

该阶段可以分为安装和维护两部分。

1）安装

安装即部署网络，该阶段根据前面阶段的成果，实施环境准备、设备安装与调试过程。安装阶段应该产生的输出如下：

（1）逻辑网络图和物理网络图，以便管理人员快速掌握网络。

（2）满足规范的设备连接图、布线图等细节图，同时包含线缆、连接器和设备的规范标识，这些标识应该与各细节图保持一致。

（3）安装、测试记录和文档，包括测试结果和新的数据流量记录。

在安装前，所有软硬件资源、人员、培训、服务、协议等都必须准备好。安装后，需要用1~3个月的试运行期进行系统总体性能的综合测试。在此期间，设计人员根据运行状态对方案进行优化和改进。

2）维护

在安装完成后，接受用户的反馈意见和监控是网络管理员的任务。网络投入运行后，还需要进行故障检测、故障恢复、网络升级和性能优化等维护工作。网络维护又称网络产品的售后服务。

1.3　物联网工程设计的主要步骤和文档

1.3.1　物联网工程设计的主要步骤

通常，物联网工程设计的主要步骤如下：

（1）根据拟建设物联网工程的性质，确定所需使用的周期模型。

（2）进行需求分析和可行性研究。需求分析需要确定设计目标、性能参数及现有网络情况；可行性分析需要根据具体情况进行合理选择，如大型项目一般需要进行可行性分析，小型项目一般不需要进行可行性分析。

（3）根据具体情况进行逻辑网络设计（又称总体设计）。

（4）进行物理网络设计（又称详细设计）。在该过程中，需要进行某些技术实验和测试，以确定具体的技术方案。

（5）进行施工方案设计，包括工期计划、施工流程、现场管理方案、施工人员安排及工程质量保证措施等。

（6）设计测试方案。

（7）设计运行与维护方案。根据用户要求，该部分可能需要用户自己负责。

1.3.2　物联网工程设计与实施的主要文档

在物联网工程建设的过程中，每个阶段都应该撰写规范的文档，以作为下一阶段工作的依据。文档是工程验收、运行与维护必不可少的资料，主要包括：

（1）需求分析文档。

（2）可行性研究报告（视具体项目规模和甲方意见而定是否需要）。

（3）招标文件（即标书）。

（4）投标文件（乙方用于投标）。

（5）逻辑网络设计文档。

（6）物理网络设计文档。

（7）实施文档。

（8）测试文档。

（9）验收报告。

1.4　需求分析与可行性研究

需求分析是物联网工程实施的第一个环节，也是物联网开发的基础。

在物联网工程中，需求分析是获取和确定支持物品联网和用户有效工作的系统需求的过程。物联网需求描述物联网系统的行为、特性或属性，是设计和实现物联网的约束条件。

可行性研究是指在需求分析的基础上对工程的意义、目标、功能、范围、需求及实施方案要点等内容进行研究与论证，确定工程是否可行。

1.4.1　需求分析的目标

需求分析是用来获取物联网系统需求并对其进行归纳整理的过程，是开发过程中的关键阶段。设计人员通过沟通、调查及分析，了解用户对新网络工程的各种要求，以便根据用户需求进行设计、施工并最后交付用户使用的网络，能够满足用户在网络功能和性能上的需求。

需求分析的主要目标有：

（1）全面了解用户需求，包括应用背景、业务需求、物联网工程安全需求、通信量及其分布状况、物联网环境、信息处理能力、管理需求和可扩展需求等。

（2）编制可行性研究报告，为立项、审批及设计提供基础性素材。

（3）编制详细的需求分析文档，为设计者提供设计依据，以便设计者能正确评价现有网络的物联网体系、能客观地做出决策、能提供良好的交互功能、能提供可移植和可扩展功能、能合理使用用户资源。

1.4.2 需求分析的内容

根据具体物联网工程的不同，需求分析的内容有所不同，一般包括以下内容。

（1）了解应用背景：物联网应用的技术背景、发展方向和技术趋势，借以说明用户建设该工程的必要性。

（2）了解业务需求：用户业务类型（面向不同用户应用需求在网络平台上实现的功能，如通信、娱乐、信息定位、监控、电子商务、视频会议、OA系统、网络管理、楼宇自控系统及网络打印等）、物联网及信息获取方式、应用系统的功能、信息服务方式等。

（3）了解安全性需求：物联网特殊安全性需求；

（4）了解物联网通信需求：物联网通信量、分布情况和性能需求（如带宽、吞吐量、时延、时延抖动及响应时间等）。

（5）了解物联网环境：具体物联网工程的环境条件。

（6）了解信息处理能力：对信息处理能力、功能的要求；

（7）了解管理需求：对物联网管理的具体要求，如性能管理、故障管理、配置管理、安全管理和计费管理等。

（8）了解可扩展性需求：对未来的扩展性要求。

1.4.3 需求分析的步骤

需求分析的步骤一般如下：

（1）了解用户的行业情况、通用的业务模式、外部关联关系、内部组织结构等。

（2）从高层管理者处了解建设目标、总体业务需求、投资预算等。

（3）从业务部门了解具体业务需求、使用方式等。

（4）从技术部门了解具体的设备需求、网络需求、维护需求、环境状况等。

（5）整理需求信息，形成需求分析文档。

1.4.4 需求分析的收集

1. 需求分析的收集方法

需求分析的收集方法有实地考察、用户访谈、问卷调查和向同行咨询。

（1）实地考察：掌握用户规模、物联网的物理分布等重要信息。

（2）用户访谈：深入了解用户的各种需求。

（3）问卷调查：了解终端用户对物联网项目的应用需求、使用方式需求及个人业务量需求等。

（4）向同行咨询：对需求分析中遇到的问题，若不涉及商业机密，则可以向同行、专家请教。

2. 需求分析的实施

首先，制订需求分析收集计划；然后，根据计划分工进行信息收集，收集内容需要涵盖需求分析涉及的主要内容。

1）应用背景信息收集

主要包括：收集国内外同行的应用现状和成效、该用户建设物联网工程的目的、拟采取的步骤和策略、经费预算和工期等信息。

2）业务需求信息收集

主要包括：收集被感知物品及其分布、感知信息的种类、感知/控制设备与接入的方式、现有或新建系统的功能、需要集成的应用系统、需要提高的信息服务种类和方式、拟采用的通信方式及网络带宽、用户数量等。

在整个物联网工程开发的过程中，业务需求调查是理解业务本质的关键，设计人员应尽量保证所设计的物联网能够满足业务需求，并在收集业务需求数据后制作业务需求清单。

业务需求调查主要通过文档形式体现，业务需求文档通常包含以下内容。

（1）主要相关人员：确定信息来源、信息管理人员名单、相关人员的联系方式等。

（2）关键时间点：确定项目起始时间点、项目各阶段的时间安排计划。

（3）物联网的投资规模：确定投资规模和预算费用。

（4）业务活动：确定业务分类、各类业务的物联网需求，主要包括最大用户数、并发用户数、峰值带宽、正常带宽等。

（5）预测增长量率：主要考虑分支结构增长率、网络覆盖区域增长率、用户增长率、应用增长率、通信带宽增长率、存储信息量增长率，采用的方法主要有统计分析法和模型匹配法。

（6）数据处理能力：从感知设备获得的数据经必要的处理后才能提供给相关用户使用。由于不同物联网的功能不同，信息量的差别很大，因此对信息处理能力的要求差别也很大。设计人员应通过需求调查来确定其能力，进而确定所需要的数据处理设备的类型、配置、数量等信息。

（7）物联网的可靠性和可用性：确定业务活动的可靠性要求、业务活动的可用性要求。

（8）Web 站点和 Internet 的连接性：确定 Web 站点栏目设置、Web 站点的建设方式、物联网的 Internet 出口要求等。

（9）物联网的安全性：确定信息保密等级、信息敏感程度、信息的存储和传输要求、信息的访问控制要求等。

（10）远程访问：确定远程访问要求、需要远程访问的人员类型、远程访问的技术要求等。

3）用户需求信息收集

收集用户需求应从当前的物联网用户开始，必须找出用户需要的重要服务或功能。

物联网设计人员在收集用户需求的过程中，需要注意与用户的交流，应将技术性语言转化为普通的交流语言，并且将用户描述的非技术性需求转换为特定的物联网属性要求，如网络带宽、并发连接数、每秒新增连接数等。

　　用户服务表既可用于归档需求信息类型，也可用于指导管理人员和物联网用户的讨论。它主要由需求服务人员使用，类似于备忘录，不面向用户。在收集用户需求时，应利用用户服务表及时纠正收集工作的失误和偏差。

　　用户服务表没有固定的格式，可根据个人经验自行设计，示例如图 1-6 所示。

用户服务需求	服务或需求描述
地点	
用户数量	
今后 3 年的期望增长速度	
信息的及时发布	
可靠性/可用性	
安全性	
可伸缩性	
成本	
响应时间	
其他	

图 1-6　用户服务表（示例）

4）应用需求信息的分类

（1）监测功能应用和控制功能应用。

　　物联网应用按功能可分为监测功能应用和控制功能应用，常见功能应用类型如图 1-7 所示，这些应用类型大多数是人们在日常工作中接触较为频繁、应用范围较广的。对应用需求按功能分类，并依据不同类型的需求特性，可以很快归纳出物联网工程中的应用对物联网的主体需求。

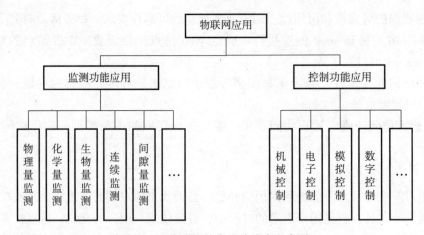

图 1-7　物联网的常见功能应用类型

（2）实时应用和非实时应用。

物联网应用按响应可分为实时应用和非实时应用。不同的响应方式具有不同的物联网响应性能要求。实时应用在特定事件发生时会实时发回信息，系统在收到信息后马上进行处理，一般不需要用户干涉，这对物联网带宽、物联网延迟等提出了明确的要求，因此实时应用要求信息传输速率稳定，具有可预测性；非实时性应用只要求一旦事件发生后能在规定的时限内完成响应，因此对带宽、延迟的要求较低，但可能对物联网设备、计算机平台的缓冲区有较高的要求。

设计人员在收集应用信息后，需要制作应用需求表。应用需求表应能概括和记录应用需求的量化指标，可直接用于指导网络设计。应用需求表中的项目内容可根据实际需要进行调整，示例如图 1-8 所示。

用户名	应用需求								
（应用程序名）	版本等级	描述	应用类型	位置	平均用户数	使用频率	平均事务大小	平均会话长度	是否实时

图 1-8 应用需求表（示例）

5）安全性需求信息收集

安全性需求信息主要有：敏感数据的分布及其安全级别；网络用户的安全级别及其权限；可能存在的安全漏洞及其对物联网应用系统的影响；物联网设备的安全功能要求；网络系统软件的安全要求；应用系统的安全要求；安全软件的种类；拟遵循的安全规范；拟达到的安全级别。

6）物联网通信需求收集

物联网通信需求信息主要有：结点产生的信息量及其按时间分布的规律；用户要求的通信量估算及其按时间分布的规律；接入 Internet 的方式及其带宽；应用系统的平均通信量和最大通信量；并发用户数和最大用户数；按日（或月、年）生成且需长期保存的数据量和临时数据量；每个结点（或终端）允许的最长延迟时间。

7）物联网环境信息收集

物联网环境信息主要有：相关建筑群的位置；用户各部门的分布位置及各办公区的分布；建筑物内和办公区的强电、弱电位置；各办公区信息点的数量和位置；感知设备和互连物品的分布位置、类型、数量、接入方式；依赖电池供电的设备的电池可持续使用时间；接入网络的位置、接入方式。

8）信息处理需求信息收集

信息处理需求信息主要有：服务器所需的存储容量；服务器所需的处理速度及其规模；处理数据需要的专用（或通用）软件。

9）管理需求信息的收集

管理需求信息主要有：实施管理的人员；管理的功能；管理系统及其供应商；管理的方式；需要管理和跟踪的信息；管理系统的部署位置与方式。

10）传输网络的需求信息收集

传输网络的需求信息主要有：骨干网与接入网的类型、带宽；网络的覆盖范围与规模；以及网络协议类型及其通用性和兼容性。

11）可扩展性需求信息收集

可扩展性需求信息主要有：用户的业务增长点；需要淘汰或保留的设备；网络设备、通信线路预留的数量和位置；设备的可升级性；系统软件的可升级性、可扩展性；应用系统的可升级性、可扩展性。

3. 需求分析的归档整理

对于从需求调查汇总获取的数据，设计人员应认真总结并归纳出信息，采取多种方式来将其展现。在对需求数据进行总结时，应注意以下几点：

1）简单直接

总结信息应该简单易懂，侧重于信息的整体框架，而不是具体的需求细节。此外，为了便于用户阅读，应尽量使用用户的行业术语，而非技术术语。

2）说明来源和优先级

将需求按照业务、用户、应用、计算机平台、网络等进行分类，并明确各类需求的具体来源，如人员、政策等。

3）尽量多用图片

应尽量多使用图片，以便用户更容易理解数据模式。

4）指出矛盾的需求

多项需求间会出现一些矛盾，在需求说明书中应对这些矛盾进行说明，以便设计人员找到解决办法。

1.4.5 需求分析说明书的编写

编写需求分析说明书的目的是为管理人员提供决策参考信息，为设计人员提供设计依据，因此需求分析说明书应尽量简单且信息充分。

物联网是一个新兴的领域，有关需求分析说明书的编制尚无国际标准或国家标准，已存在的有关标准只规定了需求分析说明书的大致内容，但一些基本内容必须在需求分析说明书中体现，如业务、用户、应用、设备、网络及安全等方面的需求内容。

在实际编写需求分析说明书时，还应有封面、目录等信息。通常，在封面的下端注明文档类别、阅读范围、编制人、编制日期、修改人、修改日期、审核人、审核日期、批准人、批准日期及版本等信息。

1.4.6　可行性研究

可行性研究是指对预先设计的方案所进行的论证，应根据项目规模和甲方的意见来确定是否需要进行可行性研究。

项目实施

参考下面给出的提纲，编写需求分析说明书。

1. 引言

1.1　编制目的

1.2　术语定义

1.3　参考资料

2. 概述

2.1　项目的描述

2.2　项目的功能

2.3　用户特点

3. 具体需求

3.1　业务需求

3.1.1　主要业务

3.1.2　未来增长预测

3.2　用户需求

3.3　应用需求

3.3.1　系统功能

3.3.2　主要应用及使用方式

3.4　网络基本结构需求

3.4.1　总体结构

3.4.2　感知系统

3.4.3　网络传输系统

3.4.4　控制系统（可选）

3.5　网络性能需求

3.5.1　数据存储能力

3.5.2　数据处理能力

3.5.3　网络通信流量与网络服务最低带宽

3.6　其他需求

3.6.1　可使用性

3.6.2　安全性

3.6.3　可维护性

3.6.4　可扩展性

项目 2 逻辑网络设计

在对物联网工程进行需求分析后，就可以进行逻辑网络设计。在这一阶段，设计人员应根据用户的分类和分布来选择特定的技术，形成特定的逻辑网络结构，并编写逻辑网络设计文档，以供物理网络设计阶段使用。

1. 任务要求

以某个智能园区为整体项目名称，设计网络结构，选择关键技术，设计网络编址方案及路由方案，并形成逻辑网络设计文档。

2. 任务指标

（1）网络结构设计：描述网络中主要连接设备和网络计算机结点分布而形成的主体框架，包括网络的拓扑结构、层次结构及模块组成。

（2）关键技术选择：选择主干技术，包括感知技术、局域网技术、广域网技术。

（3）网络编址方案设计：写出子网划分、IP 地址规划和分配的方案。

（4）路由方案设计：选择合适的路由协议。

（5）编写逻辑网络设计文档。

3. 重点内容

（1）了解逻辑网络设计的目标和基本原则。

（2）理解逻辑网络设计的主要过程。

（3）掌握逻辑网络设计的主要内容和设计方法。

（4）掌握物联网工程逻辑设计阶段的关键技术。

（5）掌握逻辑网络设计文档的编写方法。

4. 关键术语

（1）**逻辑网络**：对实际网络的功能性、结构性进行抽象，用于描述用户需求中的网络行为、性能等。

（2）**逻辑网络设计**：根据用户的分类和分布，选择特定的技术、形成特定的网络结构。

2.1 逻辑网络设计概述

逻辑网络设计主要描述设备的互连及分布，但是不对具体的物理位置和运行环境进行确定。

逻辑网络设计的过程分为以下步骤：

第1步，确定逻辑网络设计的目标。

第2步，确定网络功能和服务。

第3步，确定网络结构。

第4步，进行技术选择。

2.1.1　逻辑网络设计的目标

逻辑网络设计的总体目标是根据需求分析阶段的工作结果，遵循逻辑设计原则，选用适宜的网络技术，提供能够满足用户需求的优化技术解决方案。

逻辑网络设计只涉及用户部门、技术、设备和传输介质的种类，而综合布线系统和无线局域网（WLAN）的设计、设备的品牌型号及安装位置、确定缆线的长度及走向等任务涉及具体设备和空间位置的设计，则属于物理网络设计。

一般情况下，逻辑网络设计需要考虑运行环境、技术选型、网络结构、运行成本，以及网络的可扩充性、易用性、可管理性和安全性。

1. 合适的运行环境

逻辑网络设计必须能为应用系统提供合适的运行环境，并保障用户能够顺利访问应用程序。

2. 成熟而稳定的技术选型

在逻辑网络设计阶段，应该选择成熟而稳定的技术，项目越大，则越需要考虑技术的成熟性，以免错误投入。

3. 合理的网络结构

合理的网络结构不仅可以减少一次性投资，而且可以避免在网络建设中出现的各种复杂问题。

4. 合理的运行成本

逻辑网络设计不仅决定一次性投资，而且其中的技术选型和网络结构直接决定运营维护等周期性投资。

5. 逻辑网络的可扩充性

网络设计必须具有较好的可扩充性，以满足用户增长和应用增长的需要，避免因这些需要的增长而导致网络重构。

6. 易用性、可管理性和安全性

网络对于用户是透明的，网络设计必须保证用户操作的单纯性，过多的技术性限制会导致用户对网络的满意度降低。

对于网络管理人员，网络必须采取高效的管理手段和途径，否则不仅会影响管理工作本身，还会影响用户使用。

对于网络应用，提倡适度安全，既要保证用户的各种安全需求，又不能给用户带来太多限制。但是对于特殊网络，必须采用较为严密的网络安全措施。

2.1.2　逻辑网络设计的基本原则

1. 采用先进且成熟的技术

逻辑网络设计应选择先进、成熟、稳定的技术，而不是很先进但尚不成熟的技术。实际工程不是新技术的实验室，项目规模越大，越要考虑技术的成熟度。

2. 遵循现有的网络工程建设标准

网络工程建设必须遵循现有的相关工程建设标准，以保障网络工程建设质量，同时保证项目中不同厂家设备、系统产品的互连和运行维护的便利性。

此外，在进行逻辑网络设计时，还需要遵循高可靠性、可扩展性、可管理性、安全性、实用性及开放性等原则。这些原则之间有相互冲突之处，有时无须全部遵守，而应有针对性地进行取舍。

2.1.3　逻辑网络设计的主要内容

逻辑网络设计主要包括网络结构设计、技术选择（感知技术、局域网技术、广域网技术）、IP 地址规划和域名设计、路由方案设计、网络安全策略设计、网络管理策略设计、测试方案设计和逻辑设计说明书编写。

其中，有关网络管理、网络安全、测试方案的内容在其他项目中完成。

2.2　网络结构的设计

2.2.1　网络结构的概念

网络结构是一个网络的总体框架，包括网络的拓扑结构、层次结构及组成模块。

（1）智能园区网的拓扑结构：一般是基于星形网络结构的混合拓扑结构。

（2）智能园区网的层次结构：从研究角度通常把物联网分为感知层、传输层、处理层和应用层四个层次；但从工程及实施的角度，比较常见、易于实施的是五层结构，分别是核心层、汇聚层、接入层、终端层/感知层及数据中心，每层都有特定的作用。

（3）智能园区网的组成模块：包括网络主体（核心层、汇聚层、接入层）、网络安全、网络管理、接入网、数据中心、Extranet 等。园区网的组成模块也可以按单位的各部门进行划分。

2.2.2　网络结构的设计原则

1. 层次化

层次化是指，将网络划分为核心层、汇聚层、接入层，各层功能清晰、架构稳定，易于扩展和维护。

2. 模块化

模块化是指将网络按功能划分为若干相对独立的网络模块，如核心层、汇聚层、接入层、网络管理、网络安全、接入网、数据中心、虚拟局域网等，也可将园区网络所在单位的每个部门划分为一个模块。将网络模块化后，模块内部调整涉及的范围小，易于进行问题定位、便于网络分析和设计。

3. 可靠性

可靠性是指，对关键设备进行（双结点）冗余设计，对关键链路（采用 Trunk 模式）进行冗余备份或者负载分担，对关键设备的电源、主控板等关键部件进行冗余备份，以提高整个网络的可靠性。

4. 对称性

网络的对称性既便于业务部署、拓扑直观，又便于设计和分析。

5. 安全性

网络应具备有效的安全控制措施，包括外网和内网的安全控制措施，可按业务、权限进行分区逻辑隔离，对特别重要的业务网络应采取物理隔离。

6. 管理性

采用支持网络管理的网络设备和软件，可实现网络的高效、动态管理，降低日常维护费用。

7. 扩展性

网络不但要能满足当前需要，还要具有良好的可扩展性，以适应可预见的用户规模、网络应用业务的增长和新技术的发展，确保不会因为这些变化而导致网络重构。

2.2.3　典型园区网的逻辑网络结构

网络逻辑结构涉及网络的层次结构及模块组成，典型园区网的逻辑结构如图 2 - 1 所示。

1. 终端层/感知层

终端层/感知层包含园区内的各种终端设备，如 PC、打印机、传真机、模拟电话机、IP 电话机、手机、摄像头及其他传感器等。感知部分实现对客观世界物品或环境信息的感知，有些应用还具有控制能力。

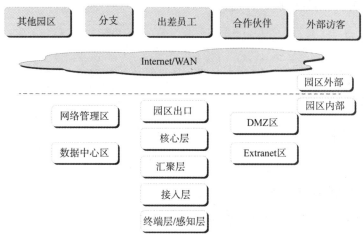

图 2 - 1　典型园区网的逻辑结构（模块化）示意

2. 接入层

接入层负责将各种终端接入园区网络，通常由以太网交换机组成。对于某些终端，可能要增加特定的接入设备，如无线接入的 AP 设备、模拟电话机接入的 IAD（综合接入设备）等。

3. 汇聚层

汇聚层将众多接入设备和大量用户经过一次汇聚后接入核心层，以扩展核心层接入用户的数量。

汇聚层通常处于用户三层网关的位置，承担 L2/L3（二层交换机/三层交换机）边缘的角色，提供用户管理、安全管理、QoS 调度等与用户和业务相关的操作。

4. 核心层

核心层负责整个园区网的高速互连，一般不部署具体的业务。核心网络需要实现带宽的高利用率、网络性能的高效性和高可靠性。核心层的设备采用双机冗余热备份是非常必要的，也可以使用负载均衡功能来改善网络性能。对于网络的控制功能应尽量少在骨干层上实施。

5. 园区出口

园区出口（接入网）是园区网络到外部公网的边界，园区网的内部用户通过边缘网络接入公共网络，客户、合作伙伴、分支机构及远程用户等外部用户也通过边缘网络接入内部网络。

6. 数据中心区

数据中心区是用于部署服务器和应用系统的模块，为企业内部和外部用户提供数据和应用服务。

7. DMZ 区

公用服务器通常部署在 DMZ 区，为外部访客（非企业员工或分支机构的员工）提供相应的访问业务，其安全性受到严格控制。

8. Extranet 区

Extranet 区与 DMZ 区相似，但它主要向合作伙伴提供服务。

9. 网络管理区

网络管理区对网络、服务器、应用系统进行管理，包括故障管理、配置管理、性能管理、安全管理等。

2.2.4 物联网工程五层模型

从工程及实施的角度，物联网工程可采用五层模型，分别是终端层/感知层、接入层、汇聚层、核心层和数据中心，每层都有特定作用。

（1）感知层实现对客观世界物品或环境信息的感知，有些应用还具有控制功能。

（2）接入层为感知系统和局域网接入汇聚层/广域网或者为终端设备访问网络提供支持。

（3）汇聚层将网络业务连接到骨干网，并实施与安全、流量负载和路由相关的策略。

（4）核心层提供不同区域或者下层的高速连接和最优传输路径。

（5）数据中心提供数据汇聚、存储、处理、分发等功能。

根据物联网工程五层模型，一个典型的物联网（大型广域网）逻辑结构如图 2-2 所示。

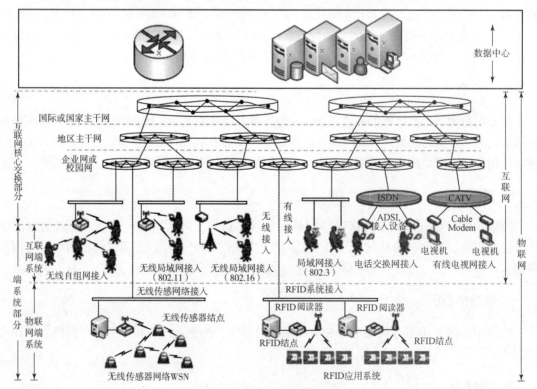

图 2-2 典型物联网逻辑结构

1. 数据中心的设计要点

数据中心是物联网全部信息的存储、处理中心，其设计应满足以下基本要求：

（1）具有足够的数据存储能力，包括存储容量、存取速度及容错性，一般应能满足整个生命周期的存储要求。

（2）具备足够的数据处理能力，包括计算机计算、访问速度等。

（3）具有保证系统稳定、安全运行的辅助设施，包括空调系统、不间断电源系统（UPS）、消防系统等。

2. 骨干层的设计要点

骨干层是互联网的高速骨干，其重要性决定在骨干层的设计中应采用冗余组件设计，使其具有高可靠性，能快速适应变化。

在设计骨干层设备的功能时，应尽量避免使用数据报过滤、策略路由等降低数据报转发处理的特性，以优化骨干层，达到缩短延迟和提高管理性的目的。

此外，骨干层应具有有限的、一致的范围。如果骨干层覆盖面积过大、连接设备过多，将必然导致网络复杂度增加、网络可管理性降低；如果覆盖范围不一致，则必然会在骨干网络设备上处理大量情况不一致的需求，导致核心网络设备的性能下降。

对于需要连接外部网络或因特网的网络工程，骨干层应该与外部网络之间有一条或多条连接，以实现外部连接的管理性和高效性。

3. 汇聚层的设计要点

汇聚层是骨干层和接入层的分界点，出于安全和性能的考虑，在汇聚层应尽量对资源访问和通过骨干层的流量进行控制。

为保证层次化特征，汇聚层应向骨干层隐藏接入层的详细信息，并对接入层屏蔽网络其他部分的信息。

为保证骨干层连接运行不同协议的区域，各种协议的转换应该在汇聚层完成。例如，运行了不同路由算法的区域可以借助汇聚层设备来完成路由的汇总和重新发布。

4. 接入层的设计要点

接入层为用户提供了在本地网段访问应用系统的能力，能解决用户之间的相互访问，为访问提供足够的带宽。接入层应适当承担用户管理功能，如地址认证、用户认证、计费管理等，还应负责一些用户信息收集工作，如收集用户的 IP 地址、访问日志、MAC 地址等。

5. 感知层的设计要点

感知层的设计要充分考虑感知系统的覆盖范围和工作环境，根据实际具体需求来设计最佳的感知方案。

2.3 地址与命名规则的设计

网络上的设备如果要实现相互通信，就需要互相知道并识别对方。标识设备的方式一般有名称和地址两种。RFID 标签、无线传感器等设备一般采用名称或 ID 来标识；主机、路由器、交换机等设备一般采用 IP 地址标识；一般智能家电也使用 IP 地址标识。

智能园区的实质是 Intranet，其使用 TCP/IP 协议。网络地址设计一般包括 IP 地址（分类地址、子网掩码、CIDR、NAT）设计、DHCP（IP 地址自动分配）设计和 DNS 域名系统设计。

2.3.1 IP 地址概述

互联网协议（Internet Protocol，IP）是互联大规模异构网络的关键技术，在整个 Internet 得到了广泛应用。IP 地址是互联网协议地址，有 IPv4 和 IPv6 两种，IPv4 是目前的主流地址类型。

1. 标准 IP 地址分类

Internet 上的计算机地址（IPv4 地址）都是 32 位的二进制数字。这些 32 位的二进制数字被分为 4 组，每组 8 位。为了便于使用，这 4 组 8 位二进制数被转化为对应的十进制数，即点分十进制。每组数的最小值为 0，最大值为 255，如图 2-3 所示。

二进制数	11001000	01110010	00000110	00110011
十进制数	200 .	114 .	6 .	51

图 2-3 IPv4 地址结构示意

计算机的 IP 地址由网络号（Network）和主机号（Host）两部分组成，用于标识特定网络中的特定主机。其中，左边若干位表示网络，其余部分用来标识网络中的一个主机。IPv4 地址被分为 5 类：A、B、C、D、E。A、B、C 类地址用于设备地址分配；D 类地址用于组播地址分配；E 类地址保留，用于实验和将来使用。IPv4 地址分类如图 2-4 所示。

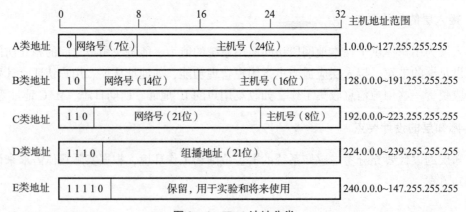

图 2-4 IPv4 地址分类

1）A 类地址

A 类地址的网络号为 7 位，主机号为 24 位，因此允许有 $2^7 - 2 = 126$ 个不同的 A 类网络，每个 A 类网络中可以分配的主机号为 $2^{24} - 2 = 16\ 777\ 214$ 个。A 类地址数较少，但主机数较多，适用于主机数超过 1 600 万台的大型网络。

2）B 类地址

B 类地址的网络号为 14 位，主机号为 16 位，因此允许有 $2^{14} - 2 = 16\ 386$ 个不同的 B 类网络，每个 B 类网络中可以分配的主机号有 $2^{16} - 2 = 65\ 534$ 个。B 类地址适用于中等规模的网络。

3）C 类地址

C 类地址的网络号为 21 位，主机号为 8 位，因此允许有 $2^{21} = 2\ 097\ 150$ 个不同的 C 类网络，每个 C 类网络中可以分配的主机号有 $2^8 - 2 = 254$ 个。该类地址适用于小规模的局域网。我国局域网多数使用 C 类地址，少数网络使用 B 类地址。

2. 特殊的地址

除了 A ~ E 类地址外，还有直接广播地址、受限广播地址、回送地址、"网络上的特定主机"地址等。

1）直接广播地址

在 A、B、C 类地址中，如果主机号的每位都为 1（二进制数），则该地址为直接广播地址。直接广播地址将一个分组以广播方式发送到该网络上的所有主机。例如，主机发送一个分组给网络地址 202.56.78.0 上的所有主机，则可使用直接广播地址 202.56.78.255。

2）受限广播地址

受限广播地址是 32 位全为 1 的 IP 地址，用于将一个分组以广播方式发送到本网络上的所有主机，路由器阻挡该分组通过，将广播功能限制在本网络内部。

3）回送地址

A 类地址中的 127.0.0.0 是一个保留地址，用于回送地址。回送地址用于本机测试和进程间通信，当任何地址使用 127.×.×.× 发送数据时，计算机中的协议软件将该数据送回，不在网络上传输。例如，127.0.0.1 表示本机地址。因此，A 类地址首字节的范围是 1 ~ 126。

4）"网络上的特定主机"地址

若网络号的每位都为 0，且主机号为确定值，则该类地址标识为"在这个网络上的特定主机"。当一台主机或路由器向本网络的某个特定主机发送一个分组时，需要使用"在这个网络上的特定主机"，这样分组被限制在本网络内部，由主机号对应的主机接收。

3. 私有地址

IPv4 地址空间被分为公有空间和私有空间。在 RFC 1918 中，国际互联网工程任务组（The Internet Engineering Task Force，IETF）将 A、B、C 类地址中的一部分指定为私有地址。由于 IPv4 的公有地址数量有限，因此往往无法向 ISP（Internet Service Provider，互联网服务提供商）申请足够的 IPv4 地址。考虑到网络的发展，我们可以在网络内部使用 IPv4 私有地址。私有地址仅用于网络内部，这些地址之间可以相互通信，但是不能用于互联网通信，当企业内部网络需要访问到互联网时，需要将私有地址转换为公有地址。

私有地址定义如下：

A 类地址：10. 0. 0. 0 ~ 10. 255. 255. 255。

B 类地址：172. 16. 0. 0 ~ 172. 31. 255. 255。

C 类地址：192. 168. 0. 0 ~ 192. 168. 255. 255。

私有地址的存在，可以提高网络内部安全性，因为外部网络无法发起针对私有地址的攻击；私有地址不需要授权机构的管理，灵活性强；私有地址能避免大量公有地址的浪费。然而，私有地址会导致地址分配容易出现混乱。此外，由于大多数用户使用的私有地址都是相近的，因此在实现 VPN 互联时，容易造成地址冲突。

2.3.2 子网掩码

通常在设置 IP 地址时，必须同时设置子网掩码。子网掩码不能单独存在，必须结合 IP 地址一起使用，用于将某个 IP 地址划分成网络地址和主机地址两部分。

子网掩码的设定必须遵循一定的规则。与 IP 地址相同，子网掩码的长度也是 32 位，左边是网络位，用二进制"1"表示；右边是主机位，用二进制"0"表示。只有通过子网掩码，才能表明一台主机所在的子网与其他子网的关系，从而保证网络正常工作。

A 类网络的子网掩码为 255. 0. 0. 0；B 类网络的子网掩码为 255. 255. 0. 0；C 类网络的子网掩码为 255. 255. 255. 0。

2.3.3 无类别域间路由

无类别域间路由选择（Classless Inter-Domain Routing，CIDR）技术又称为超网技术，它以可变大小的地址块进行分配。CIDR 通过地址前缀及其长度来表示地址块，地址块中有很多地址，使得路由表中的一个项目表示传统分类地址的很多路由，称为路由汇总。

CIDR 的表示方法：A. B. C. D/n，其中 A. B. C. D 为 IP 地址块起始地址，n 表示网络号的位数，即块地址数。

例如，CIDR 地址 222. 80. 18. 18/25 中的"/25"表示该 IP 地址中的前 25 位代表网络前缀，其余位代表主机号；IP 号段 125. 203. 96. 0 ~ 125. 203. 127. 255 转换成 CIDR 格式为 125. 203. 96. 0/19，这是因为 125. 203. 96. 0 与 125. 203. 127. 255 的前 19 位相同，故网络前缀的位数为 19。

1. CIDR 的特点

（1）CIDR 使用无类别的二级地址结构，即 IP 地址表示为"网络前缀 + 主机号"。CIDR 使用网络前缀来代替标准分类的 IP 地址的网络号，不再使用子网的概念。CIDR 地址采用斜线记法，"/"后表示网络前缀所占位数。例如，200. 16. 23. 0/20 表示 32 位长度的 IP 地址，前 20 位是网络前缀，后 12 位是主机号。

（2）CIDR 将网络前缀相同的连续的 IP 地址组成一个 CIDR 地址块，即可以汇聚的多个 IP 地址左起一定位数的二进制数必须相同。

一个 CIDR 地址块由块起始地址与块地址数组成。块起始地址是指地址块中地址数值最小的一个。例如，200.16.23.0/20 表示一个地址块时，它的起始地址是 200.16.23.0，地址数为 20。在 A、B、C 类地址中，如果主机号全为 1，那么这个地址称为广播地址，在无类别域间路由中，广播地址也采用相同的原则。例如，167.3.0.0/24 的广播地址是将 8 位主机号都设置为 1，即 167.3.0.255。

2. CIDR 的优点

（1）CIDR 能够更有效地利用 IP 地址空间，因为使用无类别路由协议意味着单一网络中可以有大小不同的子网，使用可变长子网掩码（Variable Length Subnetwork Mask，VLSM）。VLSM 依据前缀长度信息来使用地址，在不同的地方可以具有不同的前缀长度，从而能提高 IP 地址的使用效率和灵活性。

（2）当汇聚交换机接入的网段较多时，构造超网来实现路由聚合，可以减少核心网络的路由数目，即减少路由器查表和转发时间。

传统的路由协议只识别分类地址，即路由表项是以类型地址为依据而产生的，这种路由协议称为分类路由选择协议。采用这种传统的方式，不仅会导致大量的地址浪费，而且会导致路由表数量过多。为避免这种情况，出现了子网和可变长度子网掩码的概念，使网络表示方法产生了重大变革。例如，10.1.0.1/16 表示地址范围为 10.1.0.0 ~ 10.1.255.255 网络。基于这些变革，出现了无类别路由选择协议，这种协议不基于地址类型，而是基于 IP 地址的前缀长度，允许将一个网络组作为一个路由表项，并使用前缀来说明哪些网络被分在这个组内。

2.4　IP 地址规划

分配、管理和记录网络地址是网络管理工作的重点内容。好的网络地址分配规划不仅便于管理员对地址实施管理，也便于对地址进行汇总。地址汇总可以确保路由表更小、路由表查找效率更高、路由更新信息更少，并减少对网络带宽的占用，而且更容易定位网络故障。

2.4.1　网络地址分配原则

在逻辑网络设计阶段，对网络地址的分配应遵循一些特定的原则。

1. 使用结构化网络编址模型

网络地址的结构化模型是对地址进行层次化的规划，基本思路是：首先，为网络分配一个 IP 网络号段；然后，将该网络号段分为多个子网；最后，将子网划分为更小的子网。

采用结构化网络编址模型，有利于地址的管理和故障排除。

2. 通过中心授权机构管理地址

信息管理部门应该为网络编制提供一个全局模型。由网络设计人员先提供参考模型，这个模型应该根据核心层、汇聚层、接入层的层次化，对各个区域和分支机构等在模型中的位置进行明确标识。

在网络中，IP 地址分为私有地址和公有地址。私有地址只在企业内部网络使用，信息管理部门拥有对地址的管理权；公有地址是全局唯一地址，必须在授权机构注册后才能使用。

在逻辑网络设计阶段必须明确的内容有：是否需要公有地址和私有地址；只需要访问专业网络的设备分布；需要访问公网的设备分布；私有地址和公有地址如何翻译；私有地址和公有地址的边界。

为确定用户网络中需要的 IP 地址的数量，要通过需求分析调研和实地考察的方式来确定用户的哪些设备需要 IP 地址的设备，以及每台设备需要 IP 地址的接口数量。这些设备包括路由器、交换机、防火墙、PC、传感器等。

此外，还需要考虑网络的发展，预留 IP 地址总数的 10% ~ 20%。

2.4.2　网络地址转换

由于 IPv4 公有地址数量有限，因此往往在网络内部使用 IPv4 私有地址，与 Internet 通信时才申请公有地址。当数据被发送到 Internet 时，内部私有地址转换为公有地址；当数据从 Internet 返回内部网络时，公有地址转换为私有地址。这就是网络地址转换（Network Address Translation，NAT），通常使用 NAT 设备实现。很多网络设备都可以提供 NAT 服务，如防火墙、路由器。NAT 转换过程如图 2 – 5 所示。

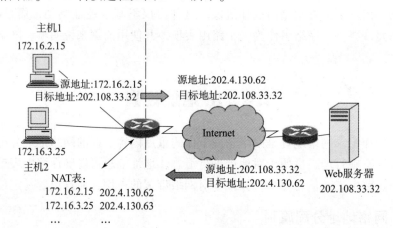

图 2 – 5　NAT 转换过程

NAT 设备需要定义出站接口和入站接口。入站接口用于连接内部网络，出站接口用于连接 Internet。此外，还需要定义用于翻译的公有地址。NAT 设备中有一个 NAT 表，既可以动态建立，也可以由网络管理员静态配置，该表记录了私有地址和公有地址的映射关系。在图 2 – 5 中，当主机 1 需要访问外部互联网上的一台 Web 服务器时，一个报文从 172.16.2.15 发送到 202.108.33.32，经过 NAT 设备后，其源地址被翻译成 202.4.130.62，然后通过互联网到达目的地——Web 服务器，该服务器把数据回复给 202.108.33.32。当 NAT 路由器接收到报文后，通过查找 NAT 表，将数据报文的目的地址 202.108.33.32 翻译为 172.16.2.15，然后将数据回复发送到主机 1。

从 NAT 转换过程可以看出，当 NAT 设备支持多台主机的并发会话时，若采用以上一对一方式进行地址映射，则需要多个公有地址以备映射。因此，很多 NAT 设备支持地址复用。

地址复用是指，多个内部地址被翻译成一个外部地址，使用 TCP/UDP 端口号来区分不同的连接，在 NAT 转换表中保存端口信息。地址复用不需要太多的公有地址即可满足大量内部网络用户同时与 Internet 通信的需求。

目前，地址转换技术除了 NAT 之外，还有 NAPT、PAT、Proxy 等技术。

多数园区网络都会选用私有地址。在使用私有地址前，需要确定选用哪一段专用地址。小型企业可以选择 192.168.0.0 地址段，大、中型企业则可以选择 172.16.0.0 或 10.0.0.0 地址段。为方便扩展，一般大型网络都使用 A 类私有地址。

2.4.3　划分子网

路由器是典型的第三层（网络层）设备，用于连接多个逻辑分开的网络。逻辑网络代表一个单独的网络或子网，通常为一个广播域。当数据从一个子网传输到另一个子网时，由路由器来判断数据的网络地址并选择传输路径，完成数据转发工作。路由器使用子网掩码来判断计算机的网络地址。

具体工作方式：

（1）路由器对目的地址进行分析，将目的地址与子网掩码进行与（AND）运算。

（2）在获得子网号（子网地址）后，查找路由表，以确定到达该子网的最佳端口，然后将报文从该子网发送出去。

（3）若路由表中不存在到达目的子网的路由信息，则放弃报文，并将错误信息返回给源地址。

在了解路由器如何使用子网掩码工作后，就可以根据需要来划分子网。划分子网就是把一个较大的网络划分成几个较小的子网，每个子网都有自己的子网地址。这样既可以提高 IP 地址的利用率，为网络管理员提供灵活的地址空间，又可以限制广播的扩散范围，提高网络的安全性，有利于对网络进行分层管理。

划分子网的步骤如下：

第 1 步，确定所需子网数。

第 2 步，确定每个子网上的主机数。

第 3 步，确定网络地址位数。

第 4 步，确定主机地址位数。

第 5 步，计算子网掩码。

【例 2 - 1】　有 C 类 IP 地址段 192.168.3.0，需要划分 12 个子网，每个子网中最多有 10 台主机。

解：设子网位数为 n，从 $n = 1$ 开始递增，将 2^n 与所需子网数进行比较，直到子网数 $\leqslant 2^n$，此时 n 为子网号的位数。在本例中，$12 \leqslant 2^4$，所以子网位数 = 4，主机位数 = 8 - 4 = 4，每个子网段最多可以有 $2^4 - 2 = 14$ 台主机，能满足需求。

此时，子网掩码为 255.255.255.240。

为了确定所有子网地址，可以先保持基本网络号不变；然后，写出子网号的所有组合，其中主机号全为 0 的地址就是子网地址；最后，将二进制数转换成十进制数，即可得到所有子网地址，如图 2 - 6 所示。

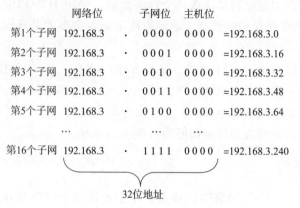

	网络位	子网位	主机位	
第1个子网	192.168.3	· 0000	0000	=192.168.3.0
第2个子网	192.168.3	· 0001	0000	=192.168.3.16
第3个子网	192.168.3	· 0010	0000	=192.168.3.32
第4个子网	192.168.3	· 0011	0000	=192.168.3.48
第5个子网	192.168.3	· 0100	0000	=192.168.3.64
…		…	…	
第16个子网	192.168.3	· 1111	0000	=192.168.3.240

32位地址

图 2-6　子网地址划分示意

图中，第 1 个子网地址为 192.168.3.0，子网掩码为 255.255.255.240，转换成 CIDR 格式为 192.168.3.0/28，其中 28 表示网络前缀，即网络号和子网号的长度。第 2 个子网地址转换成 CIDR 格式为 192.168.3.16/28，依次类推。

【注意】

划分子网时，要注意以下几点：

（1）子网必须在原有网络的主机号中进行划分。

（2）子网的网络号必须在左侧。

（3）3 级层次的 IP 地址结构为"网络号 + 子网号 + 主机号"。

（4）同一个子网中的主机必须使用相同的子网号。

（5）子网划分可以应用到 A、B、C 类中的任意一类 IP 地址段。

2.4.4　层次化 IP 地址规划

IP 地址分配是一个重要步骤，分配不合理会导致网络管理困难或混乱。层次化 IP 地址规划是一种结构化分配地址方式，而不是随机分配。这与电话网络很类似，先按国家进行划分，再将国家划分成多个地区。层次化的结构使电话交换机只需保存很少的网络细节信息。例如，北京市的区号是 10，其他省级交换机只需要知道北京市的区号 10，而不必记录北京市所有的电话号码。

IP 地址层次划分也能取得同样的效果。层次化地址允许网络号汇聚，当路由器使用汇总路由来代替不必要的路由细节时，路由表可以变得更小。层次化方式不仅可以节省路由器内存，加快路由查找速度，还可以使路由更新信息更少，占用更少的网络带宽，从而更加有效地分配地址。此外，层次划分使得局部故障不会导致全局故障。

【例 2-2】　某公司网络的拓扑结构如图 2-7 所示，该单位有 4 段 C 类地址：202.4.2.0/24、202.4.3.0/24、202.4.4.0/24 和 202.4.5.0/24。根据业务需要，划分了 8 个逻辑子网。每个子网最多能容纳 126 个主机。

解：如果不采用层次化地址分配方式，则每个子网随机分配的结果如下。

子网 1：202.4.2.0/25　　子网 2：202.4.5.128/25

子网 3：202.4.3.128/25　　子网 4：202.4.4.0/25

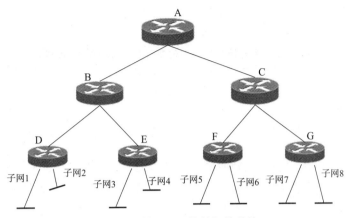

图2-7 某公司网络的拓扑结构

子网5：202.4.3.0/25　　子网6：202.4.5.0/25
子网7：202.4.4.128/25　子网8：202.4.2.128/25

路由器D和E发送的路由信息到达路由器B时，由于路由器B无法汇聚路由，因此只能将路由表中的所有信息（即子网1、2、3、4共4项路由信息）发送到其他路由器。同理，路由器C也将子网5、6、7、8共4项路由信息发送到其他路由器。由于无法进行路由汇聚，因此最终导致路由器A需要记录8个子网的路由信息，如表2-1所示，设与路由器B相连的端口为E1、与路由器C相连的端口为E2。

表2-1 路由器A的路由信息

目的地址	转发端口
202.4.2.0/25	E1
202.4.5.128/25	E1
202.4.3.128/25	E1
202.4.4.0/25	E1
202.4.3.0/25	E2
202.4.5.0/25	E2
202.4.4.128/25	E2
202.4.2.128/25	E2

若对以上网络采用层次化地址分配，让路由器D所连接的2个子网使用同一段C类地址，子网1为202.4.2.0/25，子网2为202.4.2.128/25，则路由器D可以进行路由汇总，在向其他路由器发送更新路由信息时仅发送汇总路由，而不必发送这2个子网的细节，汇总路由为202.4.2.0/24。其次，路由器D和路由器E都连接在路由器B上，可以让子网1、2和子网3、4的地址连续（子网3：202.4.3.0/25，子网4：202.4.3.128/25），则路由器B可以汇总路由，不必分别发送202.4.2.0/24和202.4.3.0/24的路由信息，而只需发送汇总后的路由信息，即子网202.4.2.0/23的路由信息。

同样，如果子网5~8的地址分别为202.4.4.0/25、202.4.4.128/25、202.4.5.0/25、202.4.5.128/25，则路由器C可以汇总路由，只需向其他路由器发送汇总后的路由信息，即子网 202.4.4.0/23 的路由信息。

此时，路由器 A 的路由表只需 2 项路由信息，如表 2-2 所示。

表 2-2　路由器 A 的路由信息（层次化分配 IP 地址）

目的地址	转发端口
202.4.2.0/23	E1
202.4.4.0/23	E2

由此可见，使用层次化地址规划能使骨干网络上的路由表更小，从而能减轻核心路由器的工作压力，而且小型局域故障不需要在整个网络中通告。例如，当路由器 D 和子网 1 相连的端口发生故障时，汇总路由器不必发生变化，去往子网 1 的报文由路由器 D 回复错误信息，因此故障不会通知到核心路由器和其他地区，从而能减少路由更新导致的网络和路由器开销。

2.4.5　IPv6 地址

Internet 的发展暴露了 IPv4 地址空间紧张的缺陷，为了解决该问题，IPv6 地址出现了。IPv6 地址使用 128 位的二进制数字，通常使用"冒号十六进制"表示法，将 128 位的地址按每 16 位划分为 1 段，每段转换成 4 位十六进制数，并用冒号隔开，如图 2-8 所示。

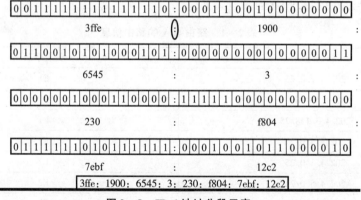

图 2-8　IPv6 地址分段示意

每个字段中的前导 0 可以省略，例如，字段"：0003："可以写成"：3："。地址中连续出现一个或多个连续 16 位为 0 时，可以用"：："表示，但一个 IPv6 地址中只能出现一次"：："。

使用 IPv6 地址的优点是地址数据充足，且一般不需要人工配置。因此，如果所建设网络要连接的 Internet 已经支持 IPv6，则选用 IPv6 地址是一种可供参考的方案。

IPv6 地址可分为单播、组播和泛播 3 种类型，取消了广播地址。IPv6 单播地址又分为全球聚合单播地址、本地链路单播地址和本地站点单播地址。其中，全球聚合单播地址类似 IPv4 的公网地址。泛播地址是单播地址的一部分，仅看地址本身结点无法区分泛播地址还是单播地址，目前泛播地址被分配给路由器使用，通过显示方式来指明泛播地址。

2.4.6　IP 编址设计的原则和要点

考虑到未来的扩展，在设计园区网 IP 地址时，以易管理为主要目标。

园区网中的 DMZ 区或 Internet 出口区有少量设备使用公有 IP 地址，在园区内部则使用 IP 地址。

1. IP 编制设计原则

（1）唯一性。网络中不能有两个主机采用相同的 IP 地址，即使使用了支持地址重叠的 MPLS/VPN 技术，也尽量不要规划相同的地址。

（2）连续性。连续地址在层次结构网络中易于进行路由汇总，因此能缩小路由表，提高路由选择算法的效率。

（3）扩展性。在分配地址时，每一层都要留有余量，一般额外预留 10%~20%，以便在网络规模扩展时保证地址汇总所需的连续性。

（4）实意性。好的 IP 地址设计使每个地址都具有实际意义，通过地址就可以大致判断该地址所属的设备。

2. IP 寻址的设计要点——园区网 IP 编址方案

（1）明确是采用公有地址、私有地址，还是公有地址与私有地址混合使用。若全部采用公有地址，那么当所需公有地址数量较多时，可向 APNIC 申请公有 IP 地址，一般为 C 类地址；否则，可向 ISP 进行申请，一般为满足用户需要大小的 CIDR 地址块。

（2）园区网一般会与 Internet 或 WAN 互联，通常申请少量公用地址，在园区网内部主要使用私有地址，并在内部专网地址的主机访问公网时配合 NAT 实现私有地址与公有地址之间的转换。NAT 对外需要一个公有地址。

（3）当采用混合地址时，为便于识别和管理，私有地址宜采用"标准分类地址 + （多级）子网掩码 + NAT"的编址方案，也可采用 CIDR 格式；若全部采用公有地址且申请到的是 C 类地址，则宜采用"标准分类地址 + （多级）子网掩码"的编址方案。

2.4.7　DHCP 设计

1. DHCP 设计概述

对于 TCP/IP 网络，一台主机能与其他主机通信的前提条件除了经网卡接入网络外，还需要配置很多参数，主要有本机 IP 地址、本机所属子网掩码、本地默认网关（接入路由器）的 IP 地址及本地 DNS Server 的 IP 地址。

当联网主机数量较多时，使用人工方式配置参数会增加管理人员的工作量，对于远程访问园区网的主机，管理人员无法用人工方式来完成参数的配置，从而要求网络系统能够对 IP 地址进行动态分配。

动态主机配置协议（Dynamic Host Configuration Protocol，DHCP）基于 C/S 模式，可以自动对联网主机的 IP 地址网络参数进行设定。DHCP 自动配置的参数除了 IP 地址外，其他参数都是一样的。

DHCP 提供了 3 种 IP 地址分配方式，即人工分配、自动分配和动态分配。

1）人工分配

人工分配的 IP 地址是静态地址，该地址不会过期，直到再次人工分配。

2）自动分配

当 DHCP 客户端第 1 次成功从 DHCP 服务器端获得 IP 地址后，将永远使用该地址，实现静态 IP 地址的自动分配功能。

3）动态分配

当 DHCP 客户端第 1 次成功从 DHCP 服务器端租用到 IP 地址后，并非永久使用，一旦租约到期，客户端就释放该 IP 地址。动态分配方式比人工分配更加灵活，尤其在实际 IP 地址不足的情况下。

用户在客户端除了勾选 DHCP 选项之外，几乎无须做任何 IP 环境设置。

2. 园区网 DHCP

当园区网存在下列情况时，宜采用 DHCP 进行 IP 地址的动态配置：

（1）主机数量较多，配置静态 IP 地址的工作量较大。

（2）用户经常使用移动终端访问园区网，管理人员无法用人工方式完成配置。

（3）部门间人员变动较频繁。

（4）需提高网络管理效率。

园区网 DHCP 基本架构的特点如下：

（1）在园区数据中心（或服务器区）设置独立的 DHCP Server。

（2）在汇聚层网关部署 DHCP Relay 指向 DHCP Server，使其能为整个园区网统一分配地址。

（3）DHCP 在园区内一般通过虚拟局域网（VLAN）分配地址。

3. DHCP 设计要点

园区网 DHCP 设计要点如下：

（1）每个 DHCP 网段应保留部分静态 IP 地址，供服务器、网络设备等使用。

（2）静态 IP 地址段和动态分配 IP 地址段都应保持连续。

（3）按照业务区域进行 DHCP 地址的划分，便于统一管理及问题定位。

（4）若 DHCP 服务器发生故障，将得不到必要的 IP 地址，进而导致设备无法正常工作。为保障高可靠性，应配置冗余的 DHCP 或全部使用静态 IP 地址。

2.4.8 DNS 设计

1. DNS 概述

DNS 是基于 C/S 模式的应用层协议。DNS 系统包括域名资源数据库、域名服务器和地址解析程序，负责将用户输入的域名自动翻译成网络能够识别的 IP 地址。

DNS 系统是全球化、层次化的分布式系统，共有 13 个分布于不同国家的根域名服务器，以及许多区域服务器和本地服务器。

在园区网中需要建立本地 DNS，其命名对象可以是路由器、服务器、主机、网络打印机等。DNS 服务器可分为 4 种类型：Master 服务器、Slave 服务器、Cache 服务器、解析服务器。

1）Master 服务器

Master 服务器即主服务器，作为 DNS 的管理服务器，它可以增加、删除、修改域名，修改的信息可以同步到 Slave 服务器。

2）Slave 服务器

Slave 服务器即从服务器，它从主服务器获取域名信息，采用多台服务器形成集群的方式，统一对外提供 DNS 服务。

3）Cache 服务器

Cache 服务器即缓存服务器，用于缓存内部用户的 DNS 请求结果，提高后续访问速度。Cache 服务器一般部署在 Slave 服务器上。

4）解析服务器

解析服务器是一个客户端软件，用于执行本地的域名查询。

每台 DNS 服务器主机上都应有两三种进程来共同提供 DNS 服务。

2. 园区网 DNS 设计要点

园区网 DNS 设计要点有 DNS 服务器的 IP 地址、Internet 域名地址设计和 DNS 可靠性设计。

1）DNS 服务器的 IP 地址

（1）Master 服务器的 IP 地址：一般配置 1 台服务器，采用私有地址。

（2）Slave 服务器的 IP 地址：一般配置 2 台服务器，分配私有地址，并在负载均衡器上分配一个虚拟的企业内网地址。若所有 Slave 服务器都出现故障，则可切换到 Master 服务器，由 Master 服务器来处理所有 DNS 请求。

2）Internet 域名地址设计

Internet 域名地址设计有以下两种方法：

（1）在防火墙上做 NAT 映射，将 Slave 服务器的虚拟地址映射为一个公有 IP 地址，用于外部 Internet 用户的访问。

（2）在链路负载均衡设备（LB）上通过智能 DNS 为外部 Internet 用户提供服务。

3）DNS 可靠性设计

DNS 可靠性设计应注意以下 3 方面：

（1）将众多内部用户发送的 DNS 请求均匀分发到 Slave DNS1 和 Slave DNS2。若 Slave DNS1 服务器发生故障，就将所有 DNS 请求分发给 Slave DNS2。DNS 服务器必须与外部 DNS 通信。

（2）将 Master 服务器放置在 DMZ 区，并在同区内部建立 Slave DNS 服务器。例如，只对内提供服务的 DNS 服务器，可以作为二级 DNS 服务器放入其他非 DMZ 区。

（3）当所有 Slave DNS 都发生故障后，用户发送的 DNS 请求无响应，用户需要切换到备用 DNS，由 Master DNS 处理所有请求。

2.5 网络第二层的关键技术与设备

园区网的物理网络为以太网，一般为交换型以太网。具体在网络工程中采用何种以太网及相关技术，是网络设计人员需要考虑的问题。

2.5.1 交换式网络

1. 交换式网络概述

共享传输介质（所有站点在同一个冲突域）的局域网已经难以满足网络通信的需求，交换式网络技术应运而生。交换式网络技术是指将一个局域网划分成多个小型局域网，通过二层交换机将这些小型局域网互联。

由于交换机的每个端口都是一个冲突域，所以各端口可以同时传输信息，从而能提高网络性能。此外，交换机的加入可以使局域网范围高度扩大，使其地理位置更加分散。

2. 交换式网络工作原理

交换机系统有一张 MAC 地址表，表中包含了交换机可达的 MAC 地址。当交换机初次启动时，MAC 地址表是空的。交换机的工作过程示意如图 2 - 9 所示。

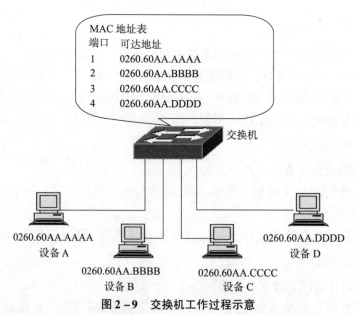

图 2 - 9　交换机工作过程示意

以图 2 - 9 所示为例，在交换式网络中，交换机的工作过程如下：

（1）交换机了解到通过端口 1 可达设备 A，将设备 A 的 MAC 地址和端口 1 的映射关系存入 MAC 地址表。这是一个学习过程。

（2）设备 D 在某一时刻回复设备 A，交换机从端口 4 收到来自设备 D 的数据帧，交换机在 MAC 地址表中记录该信息。这又是一个学习过程。由于 MAC 地址表中已经有了设备 A 的 MAC 地址映射信息，因此交换机此时只会把数据帧转发给端口 1，而不会向其他端口广播该帧。这个过程称为过滤。

2.5.2　转发技术

转发技术目前主要有 3 种方式，即存储转发、直通转发和无碎片转发。

1. 存储转发

存储转发是指先将到达输入端口的一个完整数据包缓存，再检查数据包传输是否有误，若传输无误，则取出目的地址，将之转发到相应的输出端口。

（1）存储转发的优点：在缓存完整数据包的基础上，可以进行循环冗余校验（Cyclic Redundancy Check，CRC），不会转发错误包，还可以丢弃碎片；支持不同速率端口间的转发。

（2）存储转发的缺点：数据包经过交换机的时延较长。

2. 直通转发

直通转发是指在输入端口提取到达数据包的目的 MAC 地址（通常只接收并检查 14 字节）后，立即把该数据包直通转发到相应的输出端口。

（1）直通转发的优点：不需要存储数据包，时延短，传输速度快。

（2）直通转发的缺点：由于只检查数据包的包头 14 字节，不检查数据包后面的 CRC 校验码部分，因此不具有差错校验功能，可能将坏包发送出去；由于数据包未缓存，因此不支持不同速率端口之间的转发，且容易丢包。

3. 无碎片转发

无碎片转发是介于存储转发和直通转发之间的一种解决方案，其在转发前，先检查数据包长度是否达到 64 字节（以太帧最小规定长度），若小于 64 字节，则认为该数据包是碎片，进行丢弃；若大于 64 字节，则进行转发。

无碎片转发的时延介于存储转发和直通转发之间，能够避免碎片的转发，在很大程度上提高了网络传输效率。

2.5.3　破环技术

在交换式网络中，通常会为取得更高的可靠性而设计冗余链路和设备。采用冗余链路可以消除单点故障，但会导致交换回路的产生，导致网络性能下降甚至瘫痪，即产生广播风暴，如图 2－10 所示。

广播风暴的产生原因有很多种，除了冗余连接之外，蠕虫病毒、交换机故障、网卡故障和双绞线线序错误等也会引起广播风暴。

在交换型网络中必须避免出现环路，一般通过在交换机中内置的破环协议来实现。

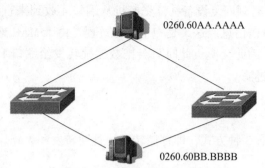

0260.60AA.AAAA

0260.60BB.BBBB

图 2 – 10 广播风暴产生示意

目前，常用的破环协议有 STP 系列协议和 RRPP。

1. STP 系列协议

STP 系列协议有 STP（Spanning Tree Protocol，生成树协议）、RSTP（Rapid Spanning Tree Protocol，快速生成树协议）和 MSTP（Multiple Spanning Tree Protocol，多生成树协议）。

1）STP

STP（802.1d 协议）通过动态生成没有环路的逻辑树，达到断开物理环路的目的。当线路出现故障时，阻塞的端口将被激活，从而起到备份线路的作用。缺点是当网络拓扑发生变化时，需要较长的时间（默认为 15 s）才能消除新网络拓扑结构中可能有的环路，而在此期间，网络中会存在 2 个转发端口，将导致存在临时环路。

2）RSTP

RSTP（802.1w 协议）是从 STP 发展出来的协议，其基本思想与 STP 一致，在网络结构发生变化时，能更快地收敛网络（最快在 1 s 内）。

RSTP 和 STP 在同样环境下计算出的最终拓扑是一致的，只是它们的步骤和达到收敛所需的时间不同。

3）MSTP

MSTP（802.1s 协议）把 RSTP 算法扩展到多生成树，能为 VLAN 提供快速收敛和负载均衡的功能，是 VLAN 标记协议（802.1q 协议）的扩展协议。

MSTP 既能够实现在同一台交换机内运行不同 STP 算法的协议，又能够将相同属性的 VLAN 归纳成组，在同一个 VLAN 组内采用单一的 STP 算法。

2. RRPP

RRPP（Rapid Ring Protection Protocol，快速环网保护协议）是一个专门应用于以太网环的二层协议，其报文采用硬件广播转发，而非 STP 的逐条处理。

与 STP 系列协议相比，RRPP 的特点有：拓扑收敛速度快，收敛时间最短可在 50 ms 以内；收敛时间与环网上结点数及网络规模无关。

2.5.4 虚拟局域网技术

交换式局域网处于广域网中，随着局域网规模的增大，广播流量增加、网络性能下降，还有产生广播风暴的隐患。为了提高网络性能和安全性，通常希望广播域不要太大，除了使用路由器划分、破环协议之外，还可以采用虚拟局域网（Virtual Local Area Network，VLAN）技术，把一个交换式网络划分成多个 VLAN，每个 VLAN 都是一个广播域。通过创建 VLAN，可以控制广播风暴，提高网络的整体性能和安全性。

VLAN 是指对在一个或者多个 LAN 上的一组设备进行配置，使它们能够相互通信，好像连接在同一条线上一样。VLAN 使用逻辑连接代替物理连接，所以在配置时非常灵活。

1. VLAN 的特点

VLAN 的特点有：将一个物理 LAN 指逻辑结构划分成不同的广播域；同一个 VLAN 内的主机不一定属于同一个 LAN 网段；一个 VLAN 内部的广播流量不会转发到其他 VLAN 中。

2. VLAN 的作用

VLAN 将交换型 LAN 内的设备按逻辑结构划分为若干独立网段，从而在一个交换型 LAN 内隔离广播域，并实现用户之间安全隔离。

随着网络规模越来越大，局部网络出现的故障会影响整个网络。VLAN 的出现可以将网络故障限制在 VLAN 范围内，从而增强网络的健壮性。

3. VLAN 的类别

VLAN 按应用范围可以划分为用户 VLAN、Voice VLAN、Guest VLAN、Multicast VLAN 和管理 VLAN。

1）用户 VLAN

用户 VLAN 即普通 VLAN，也就是通常所说的 VLAN，是用于对不同端口进行隔离的一种手段。用户 VLAN 通常根据业务需要进行规划，在需要隔离的端口配置不同的 VLAN，在需要防止广播域过大的结点配置 VLAN，以减小广播域。

2）Voice VLAN

Voice VLAN 是为用户的语音数据流划分的 VLAN。用户通过创建 Voice VLAN 并将连接语音设备的端口加入 Voice VLAN，可以使语音数据集中在 Voice VLAN 内进行传输，便于对语音流进行有针对性的 QoS（服务质量）配置，提高语音流量的传输优先级，保证通话质量。

3）Guest VLAN

用户在通过 802.1x 等协议认证之前，接入设备会把相关端口加入一个特定的 VLAN（即 Guest VLAN），用户访问该 VLAN 内的资源不需要认证，但只能访问有限的网络资源。用户从处于 Guest VLAN 的服务器上可获取 802.1x 客户端软件、升级客户端或执行其他应用升级程序（如防病毒软件、操作系统补丁程序等）。认证成功后，相关端口会离开 Guest VLAN，加入用户 VLAN，用户可以访问其特定的网络资源。

4）Multicast VLAN

Multicast VLAN 即组播 VLAN，组播交换机运行组播协议时，需要组播 VLAN 来承载组播流。组播 VLAN 主要用于解决当客户端处于不同 VLAN 中时，上行的组播路由器必须在每个用户 VLAN 复制一份组播流到接入组播交换机的问题，即使用组播 VLAN 可以满足跨 VLAN 复制的需求。不同 VLAN 的用户分别进行同一组播源点播时，可以在交换机上配置组播 VLAN，并将用户 VLAN 加入组播 VLAN，以实现组播数据在不同的 VLAN 间传输，便于对组播源和组播组成员进行管理和控制，同时减少带宽浪费。

5）管理 VLAN

管理 VLAN 是网络管理专用的 VLAN，用于保障网络管理工作的安全性。管理 VLAN 通常包括：设备的网管端口、服务器的远程管理端口、被管设备提交 SNMP 协议数据包的端口、网管工作站。

4. VLAN 的规划

VLAN 的规划通常有以下四种方式。

1）基于端口划分 VLAN

基于端口划分 VLAN 是指按照交换机端口分组，每组划分成一个 VLAN。这是一种静态划分 VLAN 的方法。

在交换机上进行配置，可以将一个或者多个端口设置成一个 VLAN，连接在不同交换机端口上的设备可以划分在同一个 VLAN 内。交换机之间的链路称为干线（VLAN – Trunk）。非干线端口在同一时刻只属于一个 VLAN。

不考虑端口所连接设备，主机从交换机的一个端口移动到另一个端口后，所属 VLAN 也会发生改变，如图 2 – 11 所示。

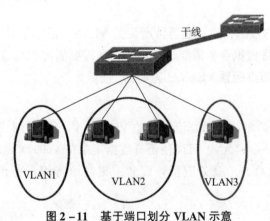

图 2 – 11　基于端口划分 VLAN 示意

2）基于 MAC 地址划分 VLAN

基于 MAC 地址划分是指根据主机 MAC 地址划分 VLAN，主机移动时不会影响 VLAN 的划分，使用 VLAN 管理策略服务器（VLAN Management Policy Server，VMPS）来存放 MAC 地址与 VLAN 的映射关系。

基于 MAC 地址划分 VLAN 是一种动态划分 VLAN 的方法。主机从交换机的一个端口移动到另一个端口后，交换机通过查询 VMPS 把新端口分配到正确的 VLAN，主机移动时不会影响 VLAN 的划分，如图 2 – 12 所示。

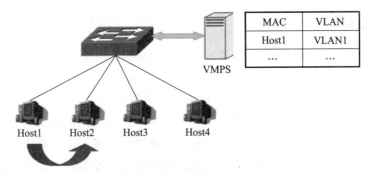

图 2-12　基于 MAC 地址划分 VLAN 示意

基于 MAC 地址划分 VLAN 的优点：当用户的物理位置从一个交换机换到其他交换机时，无须重新配置 VLAN。

基于 MAC 地址划分 VLAN 的缺点：初始化时，所有的用户都必须进行配置，管理难度较大，因此该方法一般只适用于小型局域网。

3）基于路由划分 VLAN

基于路由划分 VLAN 是指根据主机 IP 地址划分 VLAN。该方法是根据每个主机的网络层地址和协议类型来进行划分的。

路由协议工作在七层协议的第三层（网络层），是基于 IP（互联网协议）和 IPX（互联网分组交换协议）的转发协议，设备包括路由器和路由交换机。该方式允许一个 VLAN 跨越多个交换机，或一个端口位于多个 VLAN 中，这对希望针对具体应用和服务来组织用户的网络管理员来说是非常具有吸引力的。而且，用户可以在网络内部自由移动，但其 VLAN 成员身份仍然保留不变。

基于路由划分 VLAN 优点：用户的物理位置改变时，无须重新配置所属的 VLAN；可以根据协议类型来划分 VLAN；无须附加帧标签来识别 VLAN，从而可以减少网络通信量，可使广播域跨越多个 VLAN 交换机。

基于路由划分 VLAN 缺点：效率低下。相对于前面两种方法，这种方法划分的 VLAN 检查每个数据包的网络层地址都需要消耗较长的处理时间。一般的交换机芯片都可以自动检查网络上数据包的以太网帧头，但让芯片检查 IP 帧头则需要更高的技术，同时也更费时。因此，这种方式一般只适用于需要同时运行多协议的网络。

4）基于策略划分 VLAN

基于策略划分 VLAN 是一种比较有效而直接的方式，这主要取决于在 VLAN 的划分中所采用的策略。基于策略的 VLAN 能实现多种分配，包括端口、MAC 地址、IP 地址、网络层协议等。

基于策略划分 VLAN 的优点：网络管理人员可根据自己的管理模式和需求来选择 VLAN 的类型。

基于策略划分 VLAN 的缺点：在建设初期步骤复杂。因此，这种方式一般只适用于需求比较复杂的环境。

目前，对 VLAN 的划分主要采用基于端口和基于路由两种方式，以基于 MAC 地址方式作为辅助手段。

5. VLAN 间路由

同一个 VLAN 的设备可以使用交换机和干线相互通信，但是不同 VLAN 上的设备需要借助三层设备（路由器）来实现相互通信。

接入路由器实现 VLAN 间通信的方法有两种：使用多条物理连接或只使用一条物理连接。使用多条物理连接的连接方法如图 2 - 13 所示，交换机和路由器之间有两条物理连接，每条物理连接仅承载一个 VLAN 的流量。只使用一条物理连接的连接方法如图 2 - 14 所示，交换机和路由器的端口采用干线协议进行配置，两台设备之间存在多条逻辑连接。

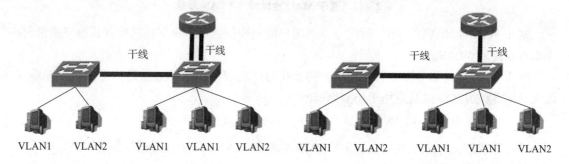

图 2 - 13　两条物理连接示意　　　　图 2 - 14　一条物理连接示意

采用干线协议进行配置后，一条干线可以承载多个 VLAN 的业务数据，干线端口可以在交换机和路由器上配置。常用的干线协议有思科公司的私有交换链路内协议（Inter-Switch Link，ISL）协议和 802.1q 协议。

2.5.5　网络第二层设备

网络第二层的设备是指工作于第二层（数据链路层）的网络互联设备，主要有网桥和 L2 交换机。

网络第二层的设备具有以下特点：

（1）可以过滤和转发数据帧。

（2）互联数据链路层异构或物理层异构的网络，即在数据链路层异构的网络之间通过转换数据链路层协议来实现互联。

（3）能隔离冲突域，但不能隔离广播域。

2.5.6　网格第二层设计要点

网格第二层的设计包括交换型以太网的设计、破环协议的设计和 VLAN 的设计，下面分别介绍其设计要点。

1. 交换型以太网的设计要点

（1）根据带宽、所在层面（核心层、汇聚层和接入层）及缆线来确定交换机的类型。

（2）预测带宽。交换机带宽的最终确定要有前瞻性，应考虑未来 3 ~ 5 年的发展需要。

（3）预留端口。一般预留 30% 的端口数，特殊情况另外考虑。

（4）结合网络管理、VLAN 等需求情况来选配适宜的交换机。

（5）核心层采用 L3 交换机，接入层采用 L2 交换机，汇聚层采用 L3/L2 交换机。

（6）对于中小型园区网，若受到建设资金和管理技术局限，则宜只在核心层部署 L3 交换机（在 L3 交换机上运行生成树协议而不运行路由协议），而在汇聚层和接入层部署 L2 交换机。

（7）对于大中型园区网，宜在核心层和汇聚层部署 L3 交换机，接入层部署 L2 交换机。

2. 破环协议的设计要点

在设计前，应明确是否需要部署 STP（生成树协议）。部署 STP 的首要条件是网络中存在冗余链路，应在此基础之上考虑选用哪种 STP 协议。

（1）一些早期生产的交换机可能不支持 RSTP（快速生成树协议）或者 MSTP（多生成树协议），在有这些设备存在的网络中启用 STP 协议。由于采用 RSTP、MSTP 可以提升网络的性能，因此如果资金允许，不妨更新设备。

（2）若交换机设备支持 RSTP，那么当网络中仅有一个 VLAN 时，建议采用 RSTP，以充分发挥 RSTP 的优势，加速网络收敛。

（3）如果网络中有多个 VLAN，并且各 VLAN 在拓扑上保持一致，即在 Trunk 链路上各个 VLAN 的配置相同，则宜使用 RSTP。

（4）若网络中存在多个 VLAN，且它们在 Trunk 链路上的配置不一致，则采用 MSTP。

（5）RRPP（破环协议）应用于对保护性能要求较高的简单二层以太网络，支持固定的单环、主环/子环拓扑模型。

3. VLAN 的设计要点

在设计 VLAN 时，应注意以下几点：

（1）区分业务 VLAN、管理 VLAN 和互联 VLAN。

（2）按照业务（部门）划分不同的 VLAN。

（3）同一业务（部门）按照具体的功能类型（如 Web、APP、DB）来划分 VLAN。

（4）应将 VLAN 连续分配，以保证合理利用 VLAN 资源。

（5）预留一定数目的 VLAN，便于后续扩展。

2.6 网络第三层的关键技术与设备

网络第三层是网络层是通信子网的最高层，其基本功能是寻址和路由（选径）。园区网在本质上是基于 TCP/IP 的 Intranet，通常需要进行第三层设计。

多层交换技术也被称作第三层交换技术或 IP 交换技术，是相对于传统交换概念提出的，是在网络模型中的第三层实现数据包的高速转发、利用第三层协议中的信息来加强第二层交换功能的机制。简而言之，多层交换技术 = 第二层交换技术 + 第三层交换技术。多层交换技术能解决局域网中网段划分之后网段中的子网必须依赖路由器进行管理的问题，以及传统路由器低速、复杂所造成的网络瓶颈问题。

2.6.1　第三层原理

1. 交换技术如何转发数据

局域网交换技术是作为对共享式局域网提供有效的网段划分的解决方案而出现的，它使每个用户尽可能地分享最大带宽。前文已经提到，交换技术是在数据链路层进行操作的，因此交换机对数据包的转发是建立在 MAC 地址（即物理地址）基础上的，对于 IP 协议而言，它是透明的。

交换机在操作过程中会不断地收集资料来建立一个自己的地址表。

2. 路由器与交换机在转发数据方面的区别

路由器在 OSI 七层模型中的第三层——网络层转发数据。它在网络中收到任何一个数据包（包括广播包在内），都要将该数据包第二层（数据链路层）的信息去掉（称为"拆包"），查看第三层信息（IP 地址）。然后，根据路由表来确定数据包的路由，再检查安全访问表。若检查通过，则进行第二层信息的封装（称为"打包"）。最后，将该数据包转发。如果在路由表中查不到对应 MAC 地址的网络地址，路由器将向源地址的站点返回一个信息，并将该数据包丢弃。

与交换机相比，路由器能够提供构成网络安全控制策略的一系列存取控制机制。

路由器对任何数据包都有一个"拆打"过程，即使对同一源地址向同一目的地址发出的所有数据包，也要重复相同的过程。这导致路由器不可能具有很高的吞吐量，也是路由器成为网络瓶颈的原因之一。

3. 三层交换

三层交换可以采用第二层交换技术与第三层交换技术相结合的方式。

假设两个使用 IP 协议的站点 A、B 通过第三层交换机进行通信，发送站 A 在发送前会将自己的 IP 地址与目的站 B 的 IP 地址进行比较，判断 B 站是否与自己在同一子网内；若目的站 B 与发送站 A 在同一子网内，则进行二层数据交换。若两个站不在同一子网内，则发送站 A 向"缺省网关"发出 ARP（地址解析）封包，即广播一个 ARP 请求。如果三层交换模块在以前的通信过程中已经知道 B 站的 MAC 地址，则向发送站 A 回复 B 的 MAC 地址；否则，三层交换模块根据路由信息向 B 站广播一个 ARP 请求，B 站在收到此 ARP 请求后向三层交换模块回复其 MAC 地址，三层交换模块保存此地址并回复发送站 A，同时将 B 站的 MAC 地址发送到二层交换引擎的 MAC 地址表中。从此以后，A 向 B 发送的数据包便全部交给二层交换处理，信息得以高速交换。由于仅在路由过程中才需要三层处理，绝大部分数据都通过二层交换转发，因此三层交换机的速度很快，可接近二层交换机的速度，且比相同路由器的价格低很多。所以，在选择设备时可以选择路由器或三层交换机。

2.6.2　第三层技术

第三层技术主要有寻址技术、路由技术，还涉及 VPN（虚拟专用网络）技术和 IP 组播技术。其中，路由技术包括 AS 域内路由技术和 AS 域间路由技术。

AS（Autonomous System，自治系统）是由一个单位或机构进行管理的网络系统，又称自治网络系统。园区网是一种典型的自治网络系统。

1. 路由技术

路由器选择路径的依据是路由表，它由人工设置或自动生成。路由分为静态路由、动态路由。静态路由不需要经常更新路由表的路径选择方式；动态路由则需要根据网络变化而定期或动态地更新路由表的路径选择方式。

动态路由可根据网络拓扑变动、各路由器的输出线路速率、路由器内输出队列的长短、网络拥塞情况等动态地更新路由表中的最佳路径信息。

目前，路由技术有以下 3 种：

1）最短路径路由技术

该技术选择到达目的地所经过的路由器数量最少的路径为最短路径。最短路径路由技术实施起来简单，因为最短路径只与网络拓扑结构有关，只要拓扑结构无变化，路径表就保持不变。这属于静态路由方法。

2）距离矢量路由技术

距离矢量路由技术通常要求在路由器之间定时交换路由信息来反映网络的动态变化，以便更新路由表。这属于动态路由方法。

3）链路状态路由技术

链路状态路由技术以输出队列的长短与链路的速率相结合来表征某路由器至另一路由器的转发效率，最终反映该路径上的传输时延。由于现在网络干线速率可选择的范围很大，因此将链路速率作为选择路径的因素就显得特别重要，这也是链路状态路由技术目前被广泛使用的原因。

2. 路由协议

路由协议分为两类：AS 域内路由协议；AS 域间路由协议。常用的 AS 域内路由协议即内部网关协议（Interior Gateway Protocol，IGP），有 RIP、OSPF、IS – IS，以及 Cisco（思科）公司的 IGRP 和 EIGRP；常用的 AS 域间路由协议为 BGP。

1）RIP

RIP（Routing Information Protocol，路由信息协议）是一种基于距离矢量的动态路由协议，适用于最多 16 个路由器（最多 15 跳）的 AS。

运行 RIP 的路由器将维护一张路由表，列出 AS 域内每个目的网络的距离和转发端口（下一跳路由器）。路由器周期性地（每隔 30 s）通过广播分组向自治网络系统内的所有其他路由器传输路由表，其他路由器会根据接收到的广播包更新路由表。

RIP 的优点：协议简单；易于配置、维护。

RIP 的缺点：网络规模受限，有距离（跳数）的限制（15 跳）；交换的路由信息是完整的路由表，影响网络效率；当网络出现故障，故障信息需较长时间才能被所有路由器获知（更新），即"坏消息传播得慢"。

改进之后的 RIPv2 能支持无分类 IP 地址、可变长子网掩码（VLSM）；能支持简单的鉴别和组播方式，阻挡非法路由信息更新；能支持组播方式。

2）OSPF

OSPF（Open Shortest Path First，开放最短通路优先）协议是一种基于链路状态的动态路由协议。链路状态是指本路由器与哪些路由器相邻，以及该链路的度量。度量是以费用、距离、时延及带宽等来综合衡量一个链路的参数。

一个路由器的某个链路状态发生变化后，会通过 LSA（Link State Advertisement，链路状态通告）向全网其他路由器发布更新信息。当一个路由器接收到 LSA 后，会更新自己的链路状态数据库，使用最短路径优先算法（SPF）来重新计算到达各结点的最短路径，并更新路由表。

（1）OSPF 区域。

随着网络规模增大，拓扑结构发生变化的概率也会增大，网络会经常处于"振荡"之中，造成网络中有大量的 OSPF 协议报文件在传递，从而降低网络的带宽利用率。更为严重的是，每次变化都会导致网络中的所有路由器重新进行路由计算。

OSPF 协议通过将自治系统划分成不同的区域（Area）来解决上述问题。区域是从逻辑上将路由器划分为不同的组，每个组用区域号（Area ID）来标识。一个 OSPF 区域的路由计算和网络调整不会影响其他区域，因故障引起的路由震荡会被隔离在区域内部。

①主干区域（Backbone Area）。OSPF 划分区域之后，区域并不是平等的关系，有一个区域是与众不同的，它的区域号是 0，通常被称为主干区域。主干区域负责区域之间的路由，非主干区域之间的路由信息则必须通过主干区域来转发。对此，OSPF 有两个规定：一是所有非主干区域必须与主干区域保持连通；二是主干区域自身必须保持连通。但在实际应用中，可能会受到各方面的条件限制而无法满足该要求，此时可通过配置 OSPF 虚连接（Virtual Link）来解决。

虚连接是指在两台 ABR（Area Border Router，区域边界路由器）之间通过一个非主干区域而建立的一条逻辑上的连接通道，两端必须是 ABR，而且必须在两端同时配置方可生效。为虚连接两端提供一个非主干区域内部路由的区域称为传输区（Transit Area）。

如图 2 - 15 所示，Area 2 与主干区域（Area 0）之间没有直接相连的物理链路，但可以在 ABR 上配置虚连接，使 Area 2 通过一条逻辑链路与主干区域保持连通。

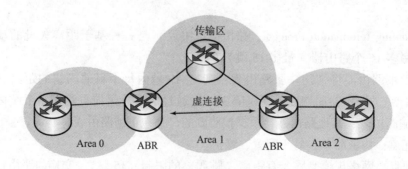

图 2 - 15　虚连接示意（一）

虚连接的另一个应用是提供冗余的备份链路，当主干区域因链路故障不能保持连通时，仍然可以通过虚连接来保证主干区域在逻辑上的连通性，如图 2-16 所示。

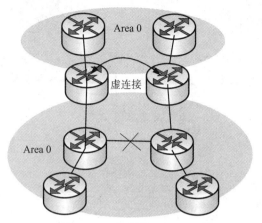

图 2-16　虚连接示意（二）

虚连接相当于在两个 ABR 之间形成一个点到点的连接，因此在这个连接上可以配置与物理接口一样的各个参数。

②端域（Stub Area）。端域是一些特定的区域，端域的 ABR 不允许注入 5 类 LSA 分组。在这些区域中，路由器的路由表规模及路由信息传递的数量都会大大减少。

③完全端域（Totally Stub Area）。为了进一步减少端域中路由器的路由表规模及路由信息传递的数量，可将该区域配置为完全端域。该区域的 ABR 不会将区域间的路由信息和外部路由信息传递到本区域。

通常，完全端域位于自治网络系统的边界，因此并不是每个端域都符合配置为完全端域的条件。为保证到本自治系统的其他区域或者自治网络系统外的路由可达，该区域的 ABR 将生成一条默认路由，并发布给本区域中的其他非网络 ABR 路由器。完全端域内不能存在 ASBR（Autonomous System Boundary Router，自治系统边界路由器），即自治系统外部的路由不能在本区域内传播。虚连接也不能穿过完全端域。

④NSSA 区域（Not-So-Stubby Area）。NSSA 区域是端域的变形，与端域有许多相似之处。NSSA 区域也不允许 5 类 LSA 注入，但允许 7 类 LSA 注入。这 7 类 LSA 由 NSSA 区域的 ASBR 产生，在 NSSA 区域内传播。当 7 类 LSA 到达 NSSA 的 ABR 时，由 ABR 将 7 类 LSA 转换成 5 类 LSA 并传播到其他区域。与端域一样，虚连接也不能穿过 NSSA 区域。

（2）OSPF 路由器。

根据在自治系统中的不同位置，OSPF 路由器可以分为区域内路由器（IR）、区域边界路由器（ABR）、主干路由器（BR）和自治系统边界路由器（ASBR），如图 2-17 所示。

①区域内路由器（Internal Router，IR）。该路由器的所有接口都属于同一个 OSPF 区域。

②区域边界路由器（Area Borer Router，ABR）。该类路由器可以同属于两个以上的区域，但其中一个必须是主干区域。ABR 用来连接主干区域和非主干区域，它与主干区域之间既可以是物理连接，也可以是逻辑连接。

③主干路由器（Backbone Router，BR）。该类路由器至少有一个接口属于主干区域。因此，所有 ABR 和 Area 0 内部路由器都属于主干路由器。

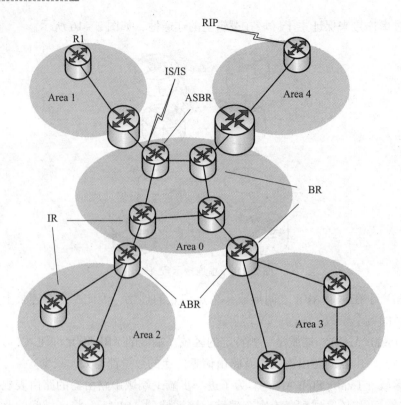

图 2 - 17　OSPF 路由器的类型

④自治系统边界路由器（ASBR）。与其他自治系统（AS）交换路由信息的路由器称为 ASBR。ASBR 并不一定位于 AS 的边界，既有可能是区域内路由器，也可能是 ABR。只要一台 OSPF 路由器引入了外部路由的信息，它就成了 ASBR。

（3）OSPF 的优缺点。

OSPF 的优点：

①当一个路由器的链路状态发生变化时，该路由器向自治系统的所有路由器仅发送链路状态的变化信息（非定期发送），在该链路上以组播地址发送协议报文，降低对主机 CPU 的利用率。

②每个路由器都有自己的链路状态数据库，保存着一致的全网拓扑结构信息和所有链路的状态信息。

③路由信息（链路状态）更新收敛快，收敛时间在 100 ms 以内，适合链路状态频繁变化的网络。

④支持分层结构，适用于大规模网络（路由器数量成百上千）。

⑤允许划分区域来管理。

⑥支持基于端口的报文验证、不连续子网和 VLSM（可变长子网掩码）。

⑦可使用 4 类不同的路由来进行分级。

OSPF 的缺点：复杂，不易掌握和使用。

3）IS-IS

IS-IS（Intermediate System-to-Intermediate System，中间系统 – 中间系统）是一种基于

链路状态的自治网络系统内的路由协议，每个 IS-IS 路由器独立地建立网络的拓扑数据库，汇总被淹没的网络信息。IS-IS 使用 Dijkstra（迪克斯加）算法来计算通过网络的最佳路径，然后根据计算的理想路径转发数据包。

在该协议中，IS（路由器）负责交换基于链路开销的路由信息并决定网络拓扑结构。IS-IS 类似于 TCP/IP 网络的开放最短路径优先（OSPF）协议。

IS 网络包含了终端系统、中间系统、区域（Area）和域（Domain）。其中，终端系统指用户设备，中间系统指路由器。路由器形成的本地组称为区域，多个区域组成一个域。IS-IS 被设计为提供域内或一个区域内的路由。IS-IS 与 CLNP（无连接网络协议）、ES-IS（终端系统到中间系统路由）协议、IDRP（域内路由选择协议）相结合，为整个网络提供完整的路由选择。

IS-IS 的版本有 IS-ISv4 和 IS-ISv6，与 OSPF 相比的优点有：

①IS-IS 的安全性更高。

②IS-IS 的可扩展性更强，通过增添 TLV 协议就可以支持 IPv6。

③IS-IS 的模块化程度更高，所有接口都属于同一个区域，容易升级。

4）IGRP

IGRP（Interior Gateway Routing Protocol，内部网关路由协议）是一种动态距离向量路由协议，由 Cisco（思科）公司在 20 世纪 80 年代中期设计，使用组合用户配置尺度，包括延迟、带宽、可靠性和负载。缺省情况下，IGRP 每 90 s 发送 1 次路由更新广播。若 3 个更新周期（即 270 s）后没有收到路由中第一个路由器的更新，则宣布该路由不可访问；若在 7 个更新周期（即 630 s）后仍未收到更新，则从路由表中清除该路由。

IGRP 是一种在自治网络系统中提供路由选择功能的思科专有路由协议。在 20 世纪 80 年代中期，最常用的内部路由协议是路由信息协议（RIP）。尽管 RIP 对于实现小型或中型同机种互联网络的路由选择是非常有用的，但是随着网络的不断发展，其受到的限制也越来越明显。思科路由器的实用性和 IGRP 的强大功能使得众多小型互联网络组织采用 IGRP 取代了 RIP。20 世纪 90 年代，思科推出了增强的 IGRP，进一步提高了 IGRP 的操作效率。

5）EIGRP

EIGRP 是思科公司的增强内部网关路由协议，是链路状态和距离矢量型路由选择协议的思科专用协议，它采用散播更新算法（DUAL）来实现快速收敛，可以不发送定期的路由更新信息以减少带宽的占用，支持 Appletalk、IP、Novell 和 NetWare 等多种网络层协议。

EIGRP 综合了距离矢量和链路状态的优点，其特点如下。

（1）快速收敛性。链路状态包（Link-State Packet，LSP）的转发不依靠路由计算，所以大型网络可以较为快速地进行收敛。EIGRP 采用散播更新算法（Diffusing Update Algorithm，DUAL），通过多个路由器并行进行路由计算，可以在无环路产生的情况下快速地收敛。

（2）减少带宽占用。EIGRP 不做周期性的更新，只在路由的路径和速度发生变化后做部分更新。当路径信息改变以后，DUAL 只发送该路由信息改变了的更新，且只发送更新给需要该更新信息的路由器，而不是发送整个路由表和更新传输到一个区域内的所有路由器上。在 WAN 低速链路上，EIGRP 可能占用大量带宽，默认只占用链路带宽的 50%，之后发布的版本还允许使用命令来修改这一默认值。

（3）支持多种网络层协议。EIGRP 通过使用协议相关模块，可以支持 IPX、ApplleTalk、IP、IPv6、Novell 和 Netware 等协议。

（4）无缝连接数据链路层协议和拓扑结构。EIGRP 不要求对 OSI 参考模型的二层协议做特别的配置，能够有效地工作在 LAN 和 WAN 中，而且保证网络不会产生环路；配置简单；支持 VLSM；使用组播和单播，不使用广播，能节约带宽；使用的度的算法和 IGRP 一样，但位长为 32 位；可以做非等价路径的负载平衡。

（5）增大网络规模，支持 1 000 台路由器。

6）BGP

BGP（Border Gateway Protocol，边界网关协议）是一种基于距离向量的自治系统域间路由协议，是一种用于 AS 之间的动态路由协议。

BGP 是一种外部网关协议，与 OSPF、RIP 等内部网关协议不同，其着眼点不在于发现和计算路由，而在于控制路由的传播并选择最佳路由。

BGP 的特点如下：

（1）BGP 使用 TCP 作为其传输层协议（端口号 179），提高了协议的可靠性。

（2）BGP 支持 CIDR。

（3）路由更新时，BGP 只发送更新的路由，从而大大减少 BGP 传播路由所占用的带宽，适用于在 Internet 上传播大量的路由信息。

（4）BGP 路由通过携带 AS 路径信息，彻底解决了路由环路问题。

（5）BGP 提供了丰富的路由策略，能够对路由实现灵活的过滤和选择。

（6）BGP 易于扩展，能够适应网络的发展。

BGP 在路由器上以下列两种方式运行：

（1）当 BGP 运行于同一自治系统内部时，称为 IBGP。

（2）当 BGP 运行于不同自治系统之间时，称为 EBGP。

3. 虚拟专用网络技术

虚拟专用网络（VPN）是指在公用网络上建立专用网络的技术。之所以称其为虚拟专用网络，主要是因为整个 VPN 网络的任意两个结点之间的连接并没有传统专网端到端的物理链路，而是架构在公用网络服务商所提供的网络平台之上的逻辑网络，用户数据在逻辑链路中传输。

VPN 主要采用隧道技术、加解密技术、密钥管理技术和使用者与设备身份认证技术。隧道技术涉及公网上的点到点逻辑通道、协议封装、负荷加密等技术；加解密技术是数据通信中一项较成熟的技术，VPN 直接利用现有技术来实现加解密；密匙管理技术的主要任务是在公用数据网上安全地传递密匙而不被窃取；使用者与设备认证技术最常用的是使用者名称与密码或卡片式认证等方式。

2.6.3 第三层网络设备

第三层网络设备主要包括路由器、交换机（L3 交换机）、VPN 设备等。

1. 路由器

路由器基于路由表按 IP 地址进行分组转发，既能隔离冲突域又能隔离广播域，适用于大中规模网络，支持复杂的网络拓扑结构、负载共享、路径寻优和组播，能更好地处理多媒体，安全性高。但是，路由器价格高、转发速度较慢、安装复杂、同类端口数少。

路由器按吞吐量可分为高档路由器（>40 Gbps）、中档路由器（25～40 Gbps）、低档路由器（<25 Gbps）；按运营商角度可分为核心路由器、边缘路由器、接入路由器；按附加功能可分为 IP 电话路由器、防火墙路由器、无线路由器、VPN 路由器等；按结构可分为模块化路由器（可扩展插卡）、非模块化路由器（固定端口）；按支持的路由选择数量可分为单协议路由器、多协议路由器。

路由器的适用场合：局域网（园区网）与城域网/广域网的互联，需要隔离广播域、网络层异构的广域网之间的互联，VLAN 之间的互联以及构成防火墙。

2. L3 交换机

L3 交换机通过"一次路由、多次交换"的方式来实现比路由器更高的转发速度，数据包转发速度快、成本低、组网灵活（每个端口可配置为交换口或路由口）、端口密度高，但是会影响网络的可扩展性和维护简易性。

L3 交换机的适用场合：局域网/园区网的核心层；局域网/园区网与城域网/广域网互联；路由器不能满足转发速率或成本较高的网络。

2.6.4　第三层设计要点

第三层设计一般采用汇聚交换机作为路由和交换的分界点，路由器设计在汇聚层及核心层，交换机设计在接入层，如图 2－18 所示。

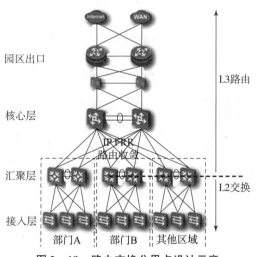

图 2－18　路由交换分界点设计示意

这种设计方法的优点有：

（1）路由配置简单。只需要在两台汇聚/核心交换机上配置路由，大量的接入交换机只做二层交换，配置简单，便于采用接入交换机的自动配置功能，进而减少配置维护工作量。

（2）扩展性好，在同一个汇聚/核心交换机下的服务器扩容方便，并且随着业务的变化不需要更改网络的配置，即插即用。

1. 自治系统域内路由选择协议的设计要点

（1）由于园区网基于 TCP/IP 的自治系统，因此所选的 IGP 协议应基于 IP 协议。

（2）若园区网内的路由器数量较少（不大于 15 跳），且非层次化架构并不在意网络故障时的较长收敛时间，则宜选 RIP 协议。

（3）若是层次化的大中型园区网，或在意网络的快速收敛，则应采用链路状态路由选择协议；若无部署 IPv6 的需求，则可任选 OSPF 或 IS-IS；若现用 IPv4，以后要升级到 IPv6，则宜选用 IS-IS。

（4）若大中型园区网用的是思科的网络设备，则宜考虑选用 EIGRP。

（5）若选用 OSPF 协议（图 2 - 19），则：

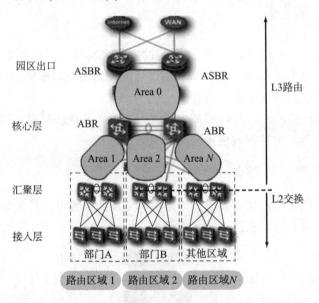

图 2 - 19 OSPF 设计示意

①当园区网规模较小（如终端数 < 2 000）或部门较少时，则不宜采用分层设计，所有网络结点统一规划为 Area 0。

②当需要分层时，每个业务部门区域作为一个单独的 OSPF 区域。

③OSPF 核心区域：出口路由器和核心交换机作为 OSPF 的 Area 0，出口路由器作为 ASBR 和 ABR 汇聚交换机，核心交换机为 ABR；每台汇聚交换机和核心交换机组网部署为不同的 OSPF 区域（Area 1、Area 2、…、Area N）。

④OSPF 边缘区域：Area 1、Area 2、…、Area N 使用 OSPF NSSA 区域，以精简主干区域路由器的路由表，减少主干区域内 OSPF 交互的信息量，提高路由表项的稳定性。

2. BGP 设计要点

（1）对 IBGP 和 EBGP 的选择：由于园区网的规模通常都不会很大，一般采用 IBGP 就可以满足需求。

（2）在使用 MPLS L3 VPN 时，宜使用 MP-IBGP 协议。MP-IBGP 是对传统 BGP 的扩展，增加了对 VPNv4 和 IPv6 地址的支持。

项目实施

逻辑网络设计文档对网络设计的特点及配置情况进行描述，是从需求、通信分析到实际的物理网络建设方案的过渡阶段文档。它是所有网络设计文档中技术要求较详细的文档之一，也是指导实际网络建设的关键性文档。

下面给出一个提纲，可将其作为实际逻辑网络设计说明书的模板。其中，安全策略设计和网络管理策略设计需要在网络安全设计项目中实施。

1. 项目概述
　1.1　简短描述项目
　1.2　列出项目设计过程各阶段的清单
　1.3　列出项目各阶段的目前状态，包括已完成和正在进行的阶段
2. 设计目标
3. 工程范围
4. 设计需求
5. 当前网络状态
6. 逻辑网络拓扑结构
7. 地址与命名设计
8. 路由协议选择
9. 安全策略设计
10. 网络管理策略设计

参考以上提纲内容，编写逻辑网络设计文档。其中，必须包含的内容有：设计目标；设计需求；逻辑网络拓扑结构；地址与命名设计；路由协议选择。

项目3 物理网络设计

对物联网工程进行逻辑网络设计后，需要进行物理网络设计。网络物理设计是在逻辑设计阶段获得的总体技术方案的基础上，对与具体物理设备（网络硬件、软件）和空间物理位置进行的相关内容设计，包括综合布线系统设计、无线局域网设计及网络产品选型。

1. 任务要求

物理网络设计的目标是得到一套指导网络产品购买和网络工程施工的网络设计方案，并形成物理网络设计文档。

2. 任务指标

（1）物理网络设计：绘制物理网络拓扑图；选择合适的骨干网络、汇聚网络和接入网络的通信介质。

（2）综合布线设计（包括信息点）：工作区子系统设计；水平干线子系统设计；管理间子系统设计；垂直干线子系统设计；设备间子系统设计；建筑群子系统设计。

（3）物联网设备选型。

（4）编写物理网络设计文档。

3. 重点内容

（1）了解物理网络设计的内容和目标。

（2）掌握物理网络设计的方法。

（3）掌握物联网工程物理设计文档的编写方法。

4. 关键术语

物联网设备选型：网络技术必须物化于网络软硬件设备才能应用，因此逻辑网络设计和物理网络设计阶段获得的技术方案必须落实到具体的网络硬件、软件产品上。网络设备选型是指，根据逻辑网络设计和物理网络设计阶段所确定的网络设备类型及技术指标在市场上选择购买相应的产品，即选择网络产品的生产厂家（或销售商）、品牌、型号及规格，并在多种可能的产品中进行优选。

3.1　物理网络设计概述

物理网络设计是网络设计过程中紧随逻辑网络设计的一个重要设计部分。物理网络设计的输入是需求分析说明书和逻辑网络设计文档。

物理网络设计的目标是选择具体的技术和设备来实现逻辑设计，具体包括局域网技术的选择、确定网络设备以及选择不同的传输介质（双绞线、光纤或无线信号），确定设备型号（路由器、交换机及服务器等）、信息点数量和具体地理位置，设计出综合布线方案以及机房环境设计方案。最后，将这些内容编写成物理网络设计文档。

1. 物理网络拓扑结构设计

在进行物理网络设计时，首先需要设计网络的物理拓扑，即几何拓扑。在物理拓扑中，每个结点、每条链路都与实际位置具有比例关系，这相当于在实际的地图上进行标记，是对逻辑网络拓扑进行地图化。

在物理拓扑图上，通常每条链路都需要标清其走向、长度、所用通信介质的类型；对于每个结点，则需要给出设备的类型和能代表其最重要性能的型号。

对于大型物联网，通常难以用一张图表现出所有信息，因此需要分层次、分区域进行设计。例如，可以首先设计全局的拓扑，包括主要区域、主要设备及其连接链路；然后，分区域、分子系统（甚至分楼层、分房间）分别设计每个局部的物理拓扑，可以细化到具体的信息点。

通过物理拓扑的设计，可以统计出实际需要的各类传输介质、各类设备的数量，为设备采购提供依据。

2. 骨干网络与汇聚网络的通信介质设计

骨干网络设计用于确定骨干网络的类型、每一设备的位置、设备之间的连接方式与介质类别。

（1）选用合适的网络技术。通常，远距离骨干网首选 SDH（Synchronous Digital Hierarchy，同步数字体系）；城市区域网络和园区网络首选万兆以太网；中小型园区（如校园网）则可以选用千兆以太网。

（2）所选用的介质应与网络类别相匹配。例如，若骨干网络使用 SDN（Software Defined Network，软件定义网络），则介质应选用光纤。

传输介质分为有线传输介质和无线传输介质，其分类如图 3-1 所示。

根据布置位置的不同，传输介质可以分为室内型和室外型。室内外布线环境的不同，要求线缆外包装有所不同。此外，室外线缆通常还用于实现建筑物之间的连接。

1）双绞线

常用非屏蔽、屏蔽双绞线的带宽与所能支持的数据传输速率对比如表 3-1 所示。

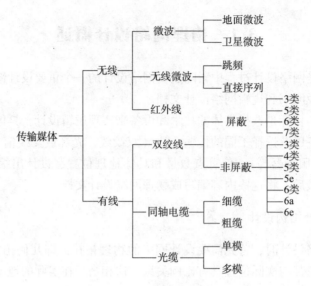

图 3-1 传输介质分类

表 3-1 双绞线的分类及性能

非屏蔽双绞线	双绞线带宽	支持数据传输速率	屏蔽双绞线	双绞线带宽	支持数据传输速率
3 类	16 MHz	10 Mbps（支持 10 M 以太网）	3 类	16 MHz	10 Mbps
4 类	20 MHz	16 Mbps（支持 16 M 令牌环网运行）	—	—	—
5 类	100 MHz	100 Mbps（支持 100 M 快速以太网），155 Mbps（ATM 局域网）	5 类	100 MHz	100 Mbps，155 Mbps
5e 类	100 MHz	1 Gbps（支持千兆以太网）	5e 类	100 MHz	1 Gbps
6 类	250 MHz	1 Gbps	6 类	250 MHz	1 Gbps
6e 类	500 MHz	10 Gbps，最长距离为 55 m	—	—	—
6a 类	500 MHz	10 Gbps，最长距离为 100 m	7 类	600 MHz	10 Gbps

（1）非屏蔽双绞线（Unshielded Twisted Pair，UTP）具有质量轻、体积小、弹性好、安装使用方便及价格低廉等特点，但抗外界电磁干扰能力差。

（2）屏蔽双绞线（Shielded Twisted Pair，STP）的电缆中添加了一层金属屏蔽层，具有较高的抗电磁干扰能力，但质量较重、体积较大，不易安装施工，且价格较高。

2）同轴电缆

同轴电缆的屏蔽性能和频率特性较好，具有抗干扰能力强的特点，可应用于点到点和多点配置，如 50 Ω 基带电缆每段最多能支持 100 台设备，各段通过转发器连接起来则能支持更大系统。

典型基带（数字信号）电缆的最大传输距离限于数千米，而宽带（模拟信号）电缆则可延伸到几十千米的范围，比 STP 或 UTP 能传输更远的结点距离而不使用中继器，一般用于闭路电视网或 HFC（Hybrid Fiber Cable，混合光纤同轴电缆）网络。

3）光纤

光缆以光的形式传输网络信号，分为单模光纤（Single-Mode optical Fiber，SMF）和多模光纤（Multi-Mode optical Fiber，MMF）。单模光纤只存在单条传输路径，具有较优越的性能，且光信号波长较长，但成本高；多模光纤存在多条传输路径，每条路径的长度不同，因此光信号通过光纤的时间不同，波长较短。单模光纤与多模光纤的对比如表 3-2 所示。

表 3-2 单模光纤与多模光纤对比

项目	单模光纤	多模光纤
芯直径	芯直径较小	芯直径较大
反射	反射较少；单个聚焦光束	多种形式的光束在覆层的反射
光源	通常使用激光源	通常使用光电二极管 LED 源
价格	较贵	较便宜
适用距离	非常远的距离	较短距离

（1）光纤的特点。

①光纤信息容量大。数据传输中可达几百万到数十亿 bps。

②信号传输衰减小。通信距离比电缆大得多，传输距离可超过 1 000 km。

③耐辐射。各种设备产生的电磁辐射对光纤都不起作用，外界环境对信息传输没有影响，且信息传输过程中也没有向外的电磁辐射，因此可避免外界窃听，从而安全可靠、保密性好。

由于光纤通信具有损耗低、频带宽、数据传输率高、抗电磁干扰能力强及安全可靠等特点，而且价格接近同轴电缆，所以光纤得到了迅速发展，现已广泛应用于建筑群子系统和建筑物主干子系统。随着高清电视、IPTV 等带宽应用的发展，光纤将逐渐向桌面/家庭延伸，即向楼层水平布线、工作区布线和住宅布线方向发展。

（2）光纤的选择。

一般在室外选用单模光纤，在室内且距离较短则使用多模光纤。

3. 接入网络通信介质设计

接入网络通信介质设计的一般原则和方法：

（1）如果距离较长（超过 200 m 以上）且对宽带要求较高，则首选光纤。

（2）如果通信干线距离较长（超过 200 m，在几千米以下），且数据量不是很大，则首选 GPRS、3G、4G 等无线方式。

（3）如果通信干线距离在 200 m 以内，则首选 WLAN（无线局域网）等无线方式。

（4）如果通信干线距离在 100 m 以内，则首选超五类双绞线。

具体采用哪些介质，应根据具体环境、通信带宽与 QoS 要求及施工条件等因素来综合确定。

3.2 综合布线设计

3.2.1 基本概念

综合布线系统是建筑物和建筑群综合布线系统的简称。它是一套完整的系统工程，将传输介质、连接硬件（如配线架）按照一定关系和通用秩序组合，集成一个具有可扩展性的柔性整体，构成一套标准规范的信息通信系统。

一般小范围的工作网络、接入网络多采用以太网，使用综合布线系统将所有设备连接在一起。综合布线系统须遵循现行国家标准《综合布线系统工程设计规范》（GB 50311—2016），在设计时，应注意以下几方面。

（1）实用性：支持多种数据通信、多媒体技术和信息管理系统等，适应现代和未来技术的发展。

（2）灵活性：任意信息点能够连接不同类型的设备，如计算机、打印机及服务器等。

（3）开放性：能够支持任何厂家的任意网络产品，支持任意网络结构，如总线型、星形、环形等。

（4）模块化：所有接插件都是积木式的标准件，方便使用、管理和扩充。

（5）可扩展性：实施后的结构化系统是可扩充的，以便将来有更大需求时容易将设备安装接入。

（6）经济性：一次性投资，长期受益，维护费用较低，使成本降到最低。

3.2.2 系统结构

综合布线系统分为6个子系统：工作区子系统、水平干线子系统、管理间子系统、垂直干线子系统、设备间子系统和建筑群子系统，如图3-2所示。

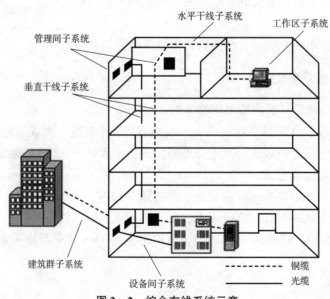

图3-2 综合布线系统示意

1. 工作区子系统

工作区子系统处在用户终端设备（包括电话机、计算机终端、监视器和数据终端等）与水平子系统的信息插座之间，起搭桥作用。它由用户工作区的信息插座以及延伸到工作站终端设备处的连接线缆和适配器等组成，如图 3-3 所示。

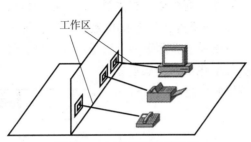

图 3-3　工作区子系统示意

工作区子系统的作用是将用户终端与网络进行有效的连接。

网络设计中的工作区子系统设计任务是估算信息插座数量，一般使用 RJ-45 接口插座。信息点数量可由需求分析中用户的要求来确定。例如，按照建筑面积折算，一般一个工作子系统服务面积为 5 ~ 10 m^2，若一栋大楼的面积为 15 000 m^2，则至少应该有 1 500 个信息点。

【设计要点】

工作区布线系统通常为非永久性的，但在设计阶段可根据用户的需求增加或改变，便于连接和管理。工作区子系统的布线、信息插座通常安装在工作间四周的墙壁下方，也可安装在用户的办公桌上，安装方式应以方便、安全及不易损坏为原则。

2. 水平干线子系统

水平干线子系统指每个楼层配线架与工作区信息插座之间的线缆、信息插座、转接点及配套设施所组成的系统，如图 3-4 所示。其作用是将楼层内的信息点与楼层配线架相连，在同一楼层将电缆从楼层配线架连接到各个工作区的信息插座上。

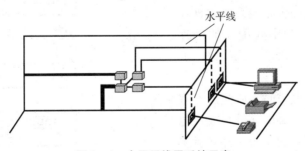

图 3-4　水平干线子系统示意

在水平干线子系统设计中要估算线缆用量，首先要选择合适的传输介质（双绞线、同轴电缆或光纤），然后计算工作区到楼层配线架的距离、设备间的距离等。

【设计要点】

水平干线子系统的传输介质之间不宜有转折点，两端应直接从配线架连接到工作区插座。布线通道一般有两种：一种是暗管预埋、墙面引线的方式，适合多数建筑系统，但敷设完成后不易更改和维护；另一种是地点管槽、地面引线的方式，适合少墙、多柱的环境，更改和维护方便。

3. 管理间子系统

管理间子系统由交联、互联、配线架、相关跳线及 I/O 设备组成，为连接其他子系统提供连接手段，如图 3 – 5 所示。管理间子系统采用交连或互连方式，将通信线路定位或重新定位到建筑物的不同部分，以便易于管理垂直干线子系统和各个楼层水平干线子系统的通信线缆。目前在设计大楼时都考虑在每一楼层设立一个配线备间，用来管理该层的信息点。

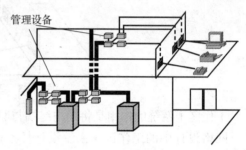

管理设备

【设计要点】

对于楼层少的楼，不宜采用配线间，而应采用悬挂式配线柜。对于楼层多的楼，需要考虑在每一楼层设立一个配线间，用来管理该层的信息点。配线间的设备包括机柜、集线器、交换机、配线架和设备电源等。其中，配线架等交叉连接设备通过水平干线子系统连接各个工作间的信息

图 3 – 5　管理间子系统示意

插座；集线器或交换机与交叉连接设备之前间通过较短的线缆相连，这些短线称为跳线。通过调整跳线，可以方便工作区的信息插座和交换机端口之间的连接切换。

同时，主干子系统将根据其分布式结构独立地连接到每一个配线间，在大多数情况下，管理子系统的配线间至少拥有一条以上主干线缆。

4. 垂直干线子系统

垂直干线子系统是指每个建筑物内由主交换间至楼层交换间的缆线及配套设施组成的系统，如图 3 – 6 所示，其作用是在建筑物内主交换间与各楼层交换间之间形成一个干线馈电网络。主干线子系统提供建筑物的主干电缆路由，是综合布线系统的神经中枢，完成主配线架和中间配线架的连接，最终实现各楼层的水平子系统之间的互连。

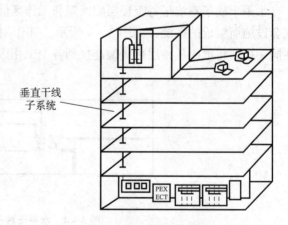

垂直干线子系统

在敷设垂直干线电缆时，应注意不宜将其放在电梯、供水、供电、供暖或强电竖井中，应该使用专用的弱电竖井或者单独架设管道。

图 3 – 6　垂直干线子系统示意

【设计要点】

（1）对旧式建筑物，主要采用楼层牵引管等方式进行敷设。

（2）对于新建筑物，主要利用建筑物的线井进行敷设。

5. 设备间子系统

设备间子系统由设备室的电缆、连接器和相关支撑硬件组成，它将公共系统的不同设备连接起来，如图3-7所示。设备间一般安放交换机、主机、接入网设备、监控设备以及除强电设备以外的设备。一般在每栋大楼的适当地点设置进线设备及管理人员值班的场所，以便进行网络管理。

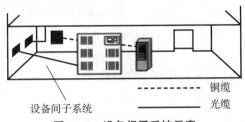

图3-7　设备间子系统示意

【设计要点】

设备间子系统是一个公用设备存放场所，在设计时应该注意以下几点：

（1）设备间应设置在干线综合体的中间位置，即一栋建筑物的中部楼层。

（2）设备间应尽可能靠近建筑物弱电缆引入接口的位置，考虑连接方便的同时，应兼顾电磁干扰的要求。

（3）设备间的设置应该便于各种接入网设备、连接器设备等笨重设备的搬运。

（4）要符合机房消防要求，具有防范灾害的能力。

（5）要有足够的设备安放空间，地板承重要符合要求。

（6）满足供电要求，配备不间断电源，并有备份电源。

6. 建筑群子系统

建筑群子系统是指楼群配线架与其他建筑物配线架之间的缆线以及配套设施组成的系统，如图3-8所示。它使得相邻近的几栋建筑物内的综合布线系统形成一个整体，可在楼群内交换和传输信息。

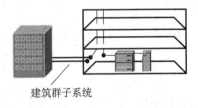

图3-8　建筑群子系统示意

【设计要点】

在设计建筑群干线子系统时应注意：

（1）建筑群干线电缆进入建筑物时，应设置引入设备，并在合适位置转换成室内电缆。

（2）要有适当的保护措施，做好避雷和接地措施。

（3）建筑群间的主干线缆一般选用多模光缆或单模光缆，芯数不少于12。

（4）建筑群子系统宜采用地下管道或电缆沟的敷设方式。

（5）采用管道敷设时，应至少预留出1~2个备用管孔，以供扩充之用。

（6）在直埋沟内敷设建筑群子系统时，如果在同一个沟内埋入了其他的图像、监控电缆，则应设立明显的共有标志。

3.2.3 线缆的敷设原则

敷设线缆的质量会影响网络的工作性能。在敷设线缆时，要注意以下几方面：

（1）应充分考虑线缆的冗余，以备扩展需要。这对于新建的楼尤其重要。

（2）敷设线缆要遵循国家和行业在建筑方面的标准，在敷设之前应确认敷设计划是否符合结构化布线敷设的相关规定。

（3）在敷设线缆前，应测试线缆设备，以保证敷设线缆满足所需的性能指标。

（4）若线缆需要经过压力通风系统，则应使用压力通风型线缆。这种线缆具有外层绝缘皮，在阻燃的同时不会产生毒烟。

（5）对所有不同类型的线缆进行整理，制订线缆、设备和连接器的维护计划。

（6）尽量让数据线垂直通过电力线。

（7）不要近距离（小于15 cm）平行敷设铜介质电线和电力线，应让数据线和电力线保持数米远的距离。

（8）线缆末端应尽量短，以避免噪声干扰。

（9）为保证各个系统之间处于良好的连接状态，应设置过电压保险、照明保护，还要设置不间断电源。

3.3 WLAN 布线设计

无线局域网（WLAN）是指采用无线通信技术进行数据连接的局域网技术，它以承载高速数据业务为主，能覆盖中短距离范围，支持固定、漫游和低速移动接入。经过多年的持续快速发展，WLAN 已成为当今全球最普及的无线接入宽带技术。

3.3.1 WLAN 的组成

WLAN 主要由 AP、AC 和 STA 组成。

1. AP

AP（Access Point，访问点、接入点或热点）是 WLAN 网络的主要设备之一，为用户提供无线接入，为网络提供有线连接，起到有线网络和无线网络的桥接作用。在 WLAN 中，所有终端设备都需要通过 AP 实现接入和互连。

2. AC

AC（Access Controller，访问控制器）主要完成对 AP 设备的管理，包括 AP 点管理、射频管理、用户认证、安全管理等。AC 通过 CAPWAP（无线接入点控制与配置协议）来完成管理功能。

3. STA

STA（Station）指各种接入终端，如计算机、智能手机等。

3.3.2   WLAN 技术标准体系

WLAN 使用 IEEE 802.11 系列标准，包括 802.11a/b/g/n 等协议，现在广泛使用的是 802.11n。

（1）802.11（1997 年）：工作频率为 2.4 GHz，可支持 100 m 距离内的传输，最大传输速率为 2 Mbps。

（2）802.11a（1999 年）：工作频率为 5 GHz，最大带宽为 54 Mbps，室内传输距离为 50 m。

（3）802.11b（1999 年）：工作频率为 2.4 GHz，最大带宽为 11 Mbps，室外传输距离为 100 m。

（4）802.11g（2003 年）：工作频率为 2.4 GHz，最大带宽为 54 Mbps，与 802.11b 兼容，与 802.11a 不兼容。

（5）802.11n（2009 年）：双频工作模式（支持 2.4 GHz 和 5 GHz 双频段），与 802.11a/b/g 标准兼容。最大速率为 600 Mbps。采用多入多出（MIMO）技术，最大支持四发四收的天线配置。802.11n 推出后迅速成为市场的主流 WLAN 标准。

3.3.3   WLAN 的其他技术

1. AP 发现 AC 技术

在 FIT AP 架构下的 WLAN 网络中，FIT AP 为零配置。将 FIT AP 部署到网络后，AP 需要自动发现 AC，并从 AC 下载配置。

AP 发现 AC 的机制有以下 4 种。

1）通过二层广播发现 AC

若 AC 和 AP 在同一个二层网络中，则可通过二层广播直接发现 AC。

2）通过 DHCP Option 43 发现 AC

Option 43 是 DHCP 协议的一个属性，AP 利用该属性来识别 AC 的 IP 地址。当 DHCP Server 配置 Option 43 后，在为 AP 分配 IP 时会在 DHCP Offer 报文中将此属性通知 AP。

3）通过 DNS（域名服务器）发现 AC

若网络中有 DNS Server，就可以通过 DNS 来让 AP 发现 AC，这需要在 DHCP Server 上配置 DNS Server IP 地址和 AC 的域名。

4）通过 AP 上预配置静态 AC 列表发现 AC

AP 可以预配置 AC 的 IP 地址列表。在完成预配置 AC 列表后，AP 将不再启动正常的 L2 或 L3 发现过程，故当预配置的 IP 地址列表里的地址不可达时，AP 将永远连接不上 AC。

AP 发现 AC 的 4 种机制对比如表 3-3 所示。

表 3-3   AP 发现 AC 机制类型对比

发现方式	部署要求	优势	劣势	适用网络
通过二层广播发现 AC	无	对已有网络没有额外要求	仅能用于 AP/AC 二层组网中	小型 WLAN；AP/AC 二层组网

发现方式	部署要求	优势	劣势	适用网络
通过 DHCP Option 43 发现 AC	DHCP Server；启动 Option 43 属性	适用于 AP/AC 任何组网	对网络有部署要求	大中型 WLAN；AP/AC 二层（或三层）组网
通过 DNS 发现 AC	部署 DNS 服务器；DHCP Server 支持 Option 15（对应 DNS Name）属性	适用于 AP/AC 任何组网	对网络有部署要求	大中型 WLAN；AP/AC 二层（或三层）组网
通过 AP 上预配置静态 AC 列表发现 AC	AP 预配置	对已有网络没有额外要求	需要对 AP 逐一进行配置，工作量大；若 AC 的 IP 地址发生变化，则需重新配置	小型 WLAN

2. WLAN 终端认证技术

802.11 标准要求 WLAN 终端在准备连接网络时进行身份验证，其身份验证方式有两种：开放系统认证；共享密钥认证。

1）开放系统认证

开放系统认证是 802.11 标准要求必备的一种方法，是最简单的认证算法，即不认证。如果认证类型选择开放系统认证，则所有请求的客户端都会通过验证。在这种接入方式下，接入点并不验证工作站的真实身份，而以 MAC 地址作为所接入后各个终端的身份证明。

开放系统认证方式可以让所有符合 802.11 标准的终端都接入 WLAN，适合有众多用户的电信运营 WLAN。

2）共享密钥认证

共享密钥认证须使用加密方式，要求将每个 WLAN 终端配置与 AP 完全一致的密钥，一般适用于企业网、校园网及家庭网络等。

这两种认证方式的对比如表 3-4 所示。

表 3-4　WLAN 终端认证方式比较

认证方式	优势	劣势	适用场合
开放系统认证	部署简单，终端接入速度快，有效带宽高	安全性差：无法验证客户端是否合法，任何知道无线局域网 SSID（服务集标识符）的用户都可以访问该网络	电信运营网络
共享密钥认证	安全性较高：采用加密方式对密钥进行保护，空口（空中接口）密钥数据不再明文传输	配置复杂，可扩展性不佳：每台终端和 AC 都需要静态配置密钥；有效带宽较低：加密会降低传输速率	校园网、小型企业网等

3. WLAN 用户认证方式

相对于较为简单的 WLAN 终端身份验证机制，用户身份验证机制的安全性得到了较大提高。WLAN 用户认证技术通过提供有限的访问权限来认证用户身份，只有确定用户身份后才给予完整的网络访问权限，从而可以有效判别用户的合法性。WLAN 用户身份认证方式主要有 Portal、PSK、WAPI 及 802.1x 等。

1）Portal 认证

Portal 认证即统一门户认证。由于 Portal 认证过程中不会协商 WLAN 用户空口所需的加密密钥，因此 Portal 认证可结合 WLAN 终端身份验证来完成 WLAN 用户的接入认证和加密。

2）PSK 认证

PSK（Pre-Shared Key，预共享密钥模式）是设计给负担不起 802.1x 验证服务器的成本和复杂度的家庭、小型公司网络用的，密钥可以是 8～63 个 ASCII 字符或 64 个十六进制数。PSK 认证需要在客户端和设备端配置相同的预共享密钥。

3）WAPI 认证

WAPI 认证采用基于证书的双向认证机制，同时支持 AP 与 STA 之间的双向鉴别。

4）802.1x 所支持的无线终端认证

802.1x 协议使用 EAP（Extensible Authentication Protocol，可扩展认证协议）认证框架，因为 EAP 提供了可扩展的认证方法，但是这些认证方法的安全性完全取决于具体的认证方法，如 EAP-TLS、EAP-PEAP 等认证。

WLAN 用户认证方式对比如表 3-5 所示。

表 3-5 WLAN 用户认证方式对比

认证方式	优势	劣势	适用场合
Portal 认证	无须安装客户端软件	安全性较差	企业网（供访客使用）
PSK 认证	无须安装客户端软件；无须部署认证服务器，成本低	安全性较差	没有部署认证服务器的网络
Portal + PSK 认证	无须安装客户端软件	安全性较差	校园网、企业网（供访客使用）
WAPI 认证	安全性高	需要在终端、AP 和服务器上部署证书，网络部署难度大；所支持的应用终端少，成本高	对用户和设备有较高安全要求的企业网
802.1x 所支持的无线终端认证	安全性高；PC 终端普遍支持	需要安装客户端软件；采用 EAP-TLS 认证时网络部署难度大	企业网

4. 无线网络安全技术

1）AP 设备物理安全

安装 AP 时安装防盗锁即可。

2）AP 设备信息安全

传统 FAT AP 组网模式要求在 AP 上配置大量业务参数，并在 AP 本地保存业务配置信息，一旦设备丢失，AP 的业务配置信息就会被泄漏，形成网络安全漏洞。FIT AP 在设备上不保存业务配置，而是每次启动时从 AC 动态加载业务配置，这可以有效避免设备丢失造成配置泄漏。当前 FIT AP 均能做到零配置。

3）无线 IDS

通过无线 IDS（无线入侵检测系统）可以检测非法 AP。非法 AP 是指未经网络许可而非法部署的 AP 设备或者是对网络发起无线攻击的 AP 设备。通过控制 AP 接入，可以防止非法 AP 接入网络。

4）无线 IPS

通过无线 IPS（无线入侵防御系统）可以实现黑白名单管理。若无线控制器 AC 支持静态配置白名单功能，则该功能一旦启用，就只有白名单上的无线用户才被认为是合法用户，黑名单上的非法用户的报文在 AC 上被全部丢弃，从而能减少非法报文对无线网络的冲击。

3.3.4　WLAN 的架构

WLAN 有多种网络架构，可分为两大类：自治式架构；集中式架构。

1. 自治式架构

自治式架构又称 FAT AP（胖 AP），在该架构下，由 AP 来实现所有无线接入功能，不需要 AC，如图 3-9 所示。WLAN 早期广泛采用自治式架构。随着企业大量部署 AP，对 AP 进行配置、升级软件等管理工作给用户带来的操作成本也逐渐提高，因此自治式架构应用在逐步减少。

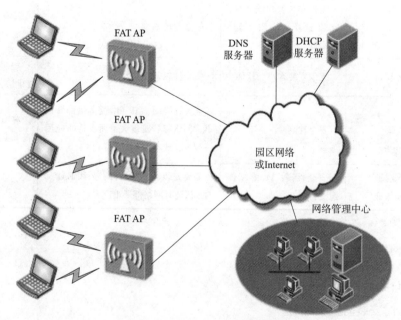

图 3-9　WLAN 的自治式架构

传统的 WLAN 一般是为企业或家庭内少量移动用户的接入而组建的，因此一般只需要一个无线路由器就可以满足需求。现在的家用无线路由器所采取的 WLAN 架构一般即自治式架构。自治式架构将 WLAN 的物理层、用户数据加密、用户认证、QoS、网络管理、漫游技术以及其他应用层的功能集于一身，功能齐全，结构复杂。

随着无线网络的发展，需要部署无线设备的场所越来越多，自治式架构的弊端也逐渐显现。

（1）在 WLAN 建网时，需要对成百上千的 AP 逐一进行配置，如网管 IP 地址、SSID 和加密认证方式无线业务参数、信道和发射功率射频参数、ACL（访问控制列表）、QoS 服务策略等，很容易因误配置而造成配置不一致。

（2）为了管理 AP，需要维护大量 AP 的 IP 地址和设备的映射关系，每增加一批 AP 设备，都需要进行地址关系维护。

（3）接入 AP 的边缘网络需要更改 VLAN、ACL 等配置，以适应无线用户的接入，为了能够支持用户的无缝漫游，需要在边缘网络上配置所有无线用户可能使用的 VLAN 和 ACL。

（4）查看网络运行状况和用户统计时，需要逐一登录 AP 设备才能完成；在线更改服务策略和安全策略设定时也需要逐一登录 AP 设备；升级 AP 软件无法自动完成，需维护人员手动逐一对设备进行软件升级。因此，费时费力。

（5）AP 设备的丢失，意味着网络配置的丢失；在发现设备丢失前，网络存在入侵隐患；在发现设备丢失后，需要重新配置全网，工作量大。

2. 集中式架构

集中式架构又称 FIT AP（瘦 AP），该架构通过无线控制器（AC）来集中管理、控制多个 AP，如图 3 - 10 所示。所有无线接入功能由 AP 和 AC 共同完成。AC 完成网络中具有重要意义的功能，如移动管理、身份验证、VLAN 划分、射频资源管理、无线 IDS（入侵检测）和数据包转发等；AP 完成无线空口的控制，如无线信号发射与探测响应、数据加密/解密、数据传输确认及空口数据优先级管理等。此外，AP 可通过以太网电缆供电，无须单独敷设供电线路。

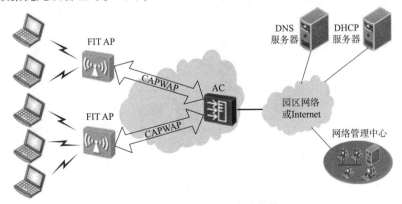

图 3 - 10　WLAN 集中式架构

AP 和 AC 之间采用 CAPWAP 协议，两者可以直接或穿越 L2（交换机）、L3（路由器）进行网络通信。CAPWAP 是基于 UDP 传输层的应用协议，传递的信息包括控制信息和数据信息。

集中式架构便于集中管理、集中认证和集中安全管理，是企业网、运营商等 WLAN 所采用的主要架构。自治式架构和集中式架构的对比如表 3-6 所示。

表 3-6 自治式架构和集中式架构对比

项目	自治式架构	集中式架构
适用场景	微型企业和个人	新生方式，增强管理
安全性	传统加密、认证方式，安全性普通	基于用户位置安全策略，安全性高
网络管理	每个 AP 需要单独配置	AC 上统一配置，AP 本身零配置，维护简单
用户管理	类似有线，根据 AP 接入的有线端口来区分权限	虚拟专用方式，根据用户名来区分权限，使用灵活
WLAN 组网规模	L2 漫游，适合小规模网络	L2、L3 漫游，具有拓扑无关性，适合大规模网络
增值业务能力	实现简单数据接入	可扩展丰富业务

根据不同划分要求，集中式架构有不同的细分形式。

1）集成 AC 与独立 AC

根据 AC 硬件的体现形式，集中式架构可分为集成 AC 与独立 AC。

集成 AC 方式不采用单独的 AC 硬件设备，而采用在交换机中集成的 AC 硬件插卡来实现对交换机下所有 AP 的管理，如图 3-11 所示。集成 AC 方式采用 FIT AP 来负责无线终端接入，使用汇聚交换机集成的 AC 来完成对 AP 设备的管理。

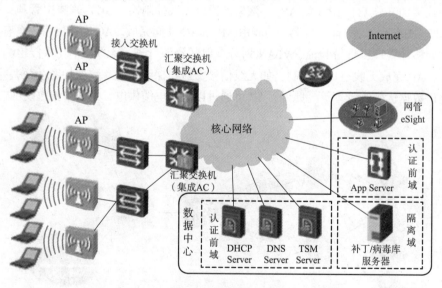

图 3-11 集成 AC

独立 AC 方式是指采用单独的 AC 硬件设备，通过直路或旁挂方式来实现对所有 AP 的管理，如图 3-12 所示。独立 AC 方式采用集中式架构来负责无线终端的接入，使用独立的 AC 设备并旁挂在用户业务网关（如汇聚或核心交换机）一侧来实现对 AP 设备的管理。

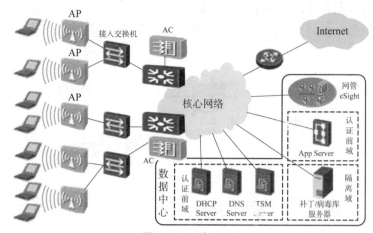

图 3 – 12　独立 AC

集成 AC 和独立 AC 的对比如表 3 – 7 所示。

表 3 – 7　集成 AC 和独立 AC 对比

方式	优点	缺点
集成 AC	部署较为简便，价格相对低廉	可接入用户数较少
独立 AC	可以实现大容量、高性能的 WLAN 部署	价格比集成 AC 高

2）AC 旁挂和 AC 直路

根据 AC 在网络上所处位置，集中式架构可分为 AC 旁挂和 AC 直路。

AC 旁挂方式是指将 AC 部署在用户网关设备（汇聚或核心交换机）一侧，实现对用户网关设备下所有 AP 的管理，如图 3 – 13 所示。

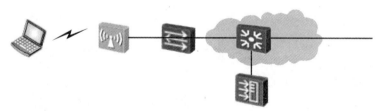

图 3 – 13　AC 旁挂

AC 直路方式是指将 AC 部署在 AP 与用户网关设备（汇聚或核心交换机）之间，实现对下辖所有 AP 的管理，如图 3 – 14 所示。

图 3 – 14　AC 直路

3）集中式 AC 和分布式 AC

根据 AC 的部署方式，集中式架构可分为集中式 AC 和分布式 AC。

集中式 AC 方式是指通过在整个网络中集中部署 AC 设备（一般是独立 AC）来控制和管理整网的 AP 设备，AC 的部署可以采用直路或旁挂方式，如图 3-15 所示。

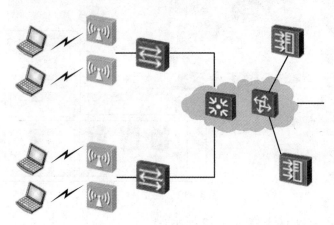

图 3-15　集中式 AC

分布式 AC 方式是指网络中分区域采用多个 AC 设备，分别对本区域的 AP 设备进行管理。分布式 AC 一般不采用独立的 AC 设备，而通过在汇聚交换机上集成 AC 功能来对本交换机下挂的所有 AP 进行管理，如图 3-16 所示。

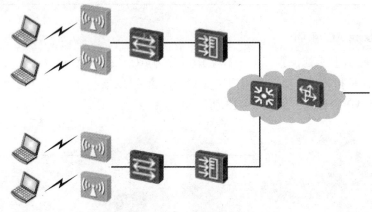

图 3-16　分布式 AC

集中式 AC 和分布式 AC 的对比如表 3-8 所示。

表 3-8　集成式 AC 和独立式 AC 的对比

方式	优点	缺点
集中式 AC	节省资源；容量管理简单有效，成本效益高；无线网络结合已有的有线网络时，无线业务终结点少，便于管理；漫游部署简单高效；无线网络运营维护简单，可集中管理且配置灵活	AC 与 AP 之间的网络结构复杂，网络部署相对复杂
分布式 AC	AC 与 AP 之间的网络结构简单，网络部署相对简单	投资成本高；需要部署 AC 间漫游（除非各 AC 所在的区域间不考虑漫游）；无线网络运营维护成本高

4）独立转发和隧道转发

根据 AP 针对用户数据转发处理方式的不同，集中式架构可分为独立转发、隧道转发。

独立转发又称直接转发，是指 AP 将用户数据在本地转发到网络上层时不经过 AC 处理，AC 只对 AP 进行管理，而 AP 管理流被封装在 CAPWAP 隧道中，到达 AC 时终止，如图 3 - 17 所示。

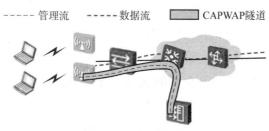

图 3 - 17　独立转发

隧道转发是指 AP 将用户数据流、自身管理流统一封装在 CAPWAP 隧道中并发送至 AC，由 AC 统一转发，如图 3 - 18 所示。

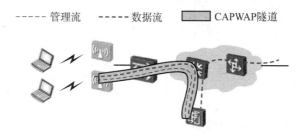

图 3 - 18　隧道转发

独立转发与隧道转发的对比如表 3 - 9 所示。

表 3 - 9　独立转发和隧道转发对比

方式	优点	不足
独立转发	设备部署及管理简单，数据流量不经过 AC，AC 负担小	安全性不够
隧道转发	业务管理级部署流量全部经过 AC，可以按用户需求规划一些安全监管策略	AC 数据处理压力较大，对 AC 设备处理能力的要求较高

3. WLAN 的设计要点

1）大中型园区网无线局域网的设计要点

（1）选定 WLAN 的物理层技术标准，目前的主流标准是 802.11n。

（2）一般采用 FIT AP，宜采用网关设备（二、三层分界交换机）上的集成 AC。

（3）AC 的 IP 地址一般采用静态手工配置，AP 和移动用户宜使用独立 DHCP Server 动态分配 IP 地址，对于基本不移动的无线终端采用静态配置。

（4）使用专门的网管平台来实现对 WLAN 的管理。这不仅可以实现对 AC、AP 及 STA 等结点和资源的监控，还可以实现对 AC、AP 等结点和业务的配置，节省维护成本。

（5）AP 发现 AC 的方式可选择基于 DHCP Option 43/15 或基于 DNS 方式。

（6）用户数据转发宜采用独立业务转发模式（不经过 AC）。

（7）无线用户接入认证方式宜考虑 802.1x 或 Portal + PSK，不宜部署无线 IPS。

（8）在我国境内的 WLAN，强制使用 WAPI。

2）小型园区网无线局域网的设计要点

（1）选定 WLAN 的物理层技术标准，目前主流的标准是 802.11n。

（2）一般采用 FIT AP，可采用独立 AC 或交换机集成 AC。

（3）AC 的 IP 地址一般采用静态手工配置，AP 和移动用户使用独立 DHCP Server 动态分配 IP 地址，对于基本不移动的无线终端（例如无线打印机）采用静态配置。

（4）可以不使用网管系统。

（5）AP 发现 AC 的方式可以选择基于 DHCP Option 43/15 方式。

（6）用户数据转发采用独立业务转发模式。

（7）无线用户接入认证方式宜考虑 PSK。

（8）在我国境内的 WLAN，强制使用 WAPI。

3.4 物联网设备选型

3.4.1 物联网设备选型的原则

在物联网系统建设中，根据需求分析说明书和逻辑网络设计文档来选择设备，是较为关键的任务之一。不同的设备具有不同的性能和价格，对设备的选择将影响物联网的最终性能、价格和性价比。在选择设备的品牌、型号时，应从多方面综合考虑。

1. 产品技术指标

产品的技术指标是决定设备选型的关键，所有可供选择的产品都必须满足需求分析说明书中要求的技术指标，也必须满足逻辑网络设计文档中形成的逻辑功能。

2. 成本因素

除了产品的技术指标之外，应着重考虑的是成本因素，网络中各种设备的成本主要包括购置成本、安装成本、使用成本。设计人员要对不同品牌、型号设备的成本进行估算，并形成相应的对照表，以便用户进行选择。

1）购置成本

购置成本主要指采购设备的成本。设计人员需要对不同品牌、型号设备的市场价格进行比较，同时还要考虑批量采购的折扣、进口产品在特殊行业的免税政策等因素。

2）安装成本

安装成本包括运输成本、安装前的寄存成本、设备安装成本及调试成本等。对于普通网络设备或者设备数量较小的网络工程，安装成本可能较低；对于大型的网络工程由于设备数量多、覆盖范围广，甚至还可能使用大型机等特殊设备，则安装成本在整个成本中所占比例可能较大。

3）使用成本

使用成本是指在设备使用过程中周期性产生（如设备维护、巡检、保养等）的成本。设计人员要注意考虑设备的使用成本因素，过高的使用成本可能导致设备很快被淘汰。

3. 与原有设备的兼容性

在产品选型的过程中，与原有设备的兼容性是设计人员必须考虑的内容。购置的网络设备必须与原有设备能够实现线路互连、协议互通，才能有效地利用现有资源，实现网络投资的最优化；另外，保证原有设备的兼容性可以降低网络管理人员的管理工作量，有利于实现全网统一管理。

如果一个网络中的大多数网络产品都是同一个品牌，则对新购置的产品采用相同的品牌是一个不错的选择。但是，指定品牌可能导致厂商垄断价格，使用户购置成本提高。因此，在面对这种情况时，宜将原有品牌作为首选，但仍需设计两三种可与原品牌设备兼容的备选品牌设备，以形成一定的竞争关系。

4. 产品的延续性

产品的延续性是保证网络系统生命周期的关键因素。产品的延续性主要体现在厂商对某种型号的产品是否继续研发、生产，并保证备品配件供应，以及是否继续提供技术服务。

在进行网络设备选型时，对于厂商已明确表示不再进行投入或者在1～2年内即将停产的产品，不宜纳入选择范围。

5. 设备的可管理性

设备的可管理性是进行设备选型时的一个非关键因素，但也是必须考虑的内容。

设计人员在购置设备时，必须考虑设备的管理手段，以及是否能够纳入现有或规划的管理体系。目前，大多数设备可以通过通用协议接入管理平台，并提供标准的管理接口。在成本方面的因素大致相同时，应尽可能采用通用管理协议、能提供标准管理接口、能被接入统一管理平台的产品。

6. 厂商的技术支持

对于大型网络工程中所采用的某些大型设备，普通网络管理人员通常只能完成日常简单维护，未对设备进行的检测、保养及维修等工作必须由特定的专业人员完成。由于网络产品的特殊性，部分网络集成商可能无法提供合理有效的技术支持服务，因此对于类似设备的选择，必须考虑厂商的技术支持能力。

厂商的技术支持一般包括定期巡检、电话咨询服务、现场故障排除、备品备件等。设计人员在选择产品时，可以比较不同厂商的本地分支结构、服务人员数量、售后服务电话、技术支持成本等因素，为设备选型提供一定的依据。

7. 产品的备品备件服务

产品的备品备件服务是厂商为了提供较为优质的服务而形成的常备空闲设备配置机制。

备品备件中心储存适量的设备或配件，一旦在该中心覆盖区域内用户的产品发生设备（或配件）故障，便可以从该中心抽调备品备件进行临时替换，避免维修工作可能导致的网络中断。

设计人员可以将备品备件库作为设备选型的一个参考因素，在其他条件相同的情况下，尽量选择相应厂商在本地或附近城市具有良好备品备件库的产品。对于一些不能中断服务的特殊网络（如电力系统的生产调度网络），备品备件库的存在不再是一个参考因素，而是一个决定性因素。

8. 综合满意度分析

在进行设备选型时，设计人员和用户会面对多种设备的选择，还会面临不同的选择角度，这些角度之间有时甚至是相互矛盾的。为了解决这些问题，设计人员可以采用综合满意度分析的方法。该方法针对不同的角度来指定特定的满意度评估标准，根据设计人员、普通用户代表和网络管理部门负责人的协商而形成不同角度的比重权值。在进行设备选型时，组织有关人员和技术专家对待选产品进行满意度评定，对多个评定结果计算平均值，将最终满意度最高的产品作为首选，并依据满意度的高低顺序依次产生候选产品。

3.4.2 物联网设备的选择

1. RFID 设备的选择

1）RFID 标签的选择

根据应用的要求，选择对应的标签类别。标签的分类方式较多，在选用时主要参考供电方式、工作模式、读写方式、工作频率、作用距离等参数。

（1）供电方式。

按供电方式，标签可以分为有源标签、无源标签。有源标签比无源标签的传输距离更远，但需要电池供电，因此并非任何场合都适用。无源标签不需要电池供电，因此适用场合比有源标签更广泛，但其传输距离很受限。

（2）工作模式。

按工作模式，标签可以分为主动式标签、被动式标签。主动式标签利用自身的射频能量主动发射数据给阅读器，一般带有电源。被动式标签在阅读器发出的查询信号触发后才进入通信状态，它使用调制散射方式发射数据，必须利用阅读器的载波来调制自己的信号。

（3）读写方式。

按读写方式，标签可以分为只读型标签和读写型标签。只读型标签在识别过程中，内容只能读出不可写入，所具的存储器是只读型存储器。只读型标签又可以分为只读标签、一次性编码只读标签、可重复编程只读标签。读写型标签在识别过程中，标签的内容既可以被阅读器读出，又可以由阅读器写入，数据双向传输。

（4）工作频率。

按工作频率，标签可以分为低频标签、中高频标签、超高频标签、微波标签。

①低频标签的工作频率范围为 30 ~ 300 kHz，典型工作频率有 125 kHz、133 kHz 两种。低频标签一般为无源标签，其工作能量通过电感耦合方式从阅读器线圈的辐射近场中获得。低频标签与阅读器之间传输数据时，低频标签需要位于阅读器天线辐射的近场区内。低频标签的阅读距离一般小于 1 m，主要用于短距离、低成本的应用。

②中高频标签的工作频率一般为 3 ~ 30 MHz，其典型工作频率为 13.56 MHz。中高频标签一般为无源标签，其工作原理与低频标签完全相同，即采用电感耦合方式工作，有时也称为高频标签。中高频标签与阅读器之间传输数据时，中高频标签应位于阅读器天线辐射的近场区内。中高频标签的阅读距离一般小于 1 m，典型应用有电子车票、证件等。

③超高频标签的典型工作频率为 433.92 MHz、862 ~ 928 MHz，可分为有源标签、无源标签。工作时，标签应位于阅读器天线辐射场的远场区内，与阅读器之间的耦合方式为电磁耦合方式。阅读器天线辐射场为无源标签提供射频能量，激活有源标签。相应的射频识别系统的阅读激励一般大于 1 m，典型情况为 4 ~ 6 m，最远可超过 10 m。阅读器天线一般为定向天线，只有阅读器天线定向波束范围内的标签才可以被读/写。由于阅读距离的增加，应用中有可能在阅读区域中同时出现多个标签，从而提出了同时读取多标签的需求。

④微波标签的典型频率为 2.45 GHz、5.8 GHz，一般为半无源方式，采用纽扣式电池供电，具有较远的阅读距离。微波标签的阅读距离为 3 ~ 5 m，最远可达几十米。微波标签的典型应用包括移动车辆识别、仓储物流应用等。

（5）作用距离。

按作用距离，标签可分近距离标签、中远距离标签、远距离标签。近距离标签的作用距离一般在 10 cm 以内，中距离标签的作用距离一般为 1 ~ 5 m，远距离标签的作用距离在 5 m 以上。

除此之外，在选取标签时，还应考虑标签的存储容量、封装形式、安全性等。

不同频段 RFID 标签的参数对比如表 3 – 10 所示。

表 3 – 10　不同频段 RFID 标签的参数对比

频段	低频	中高频	超高频	微波
典型工作频率	<135 kHz	13.5 MHz	860 ~ 960 MHz	2.45 GHz
数据传输速率	8 kbps	64 kbps	64 kbps	64 kbps
识别速度	<1 m/s	<5 m/s	<50 m/s	<10 m/s
标签结构	线圈	印制线圈	双极线圈	线圈
传输性能	可穿透导体	可穿透导体	线性传播	视距传播
防碰撞性能	有限	好	好	好
阅读距离	<60 cm	0.1 ~ 1 m	1 ~ 10 m	可达数十米

2）阅读器的选择

阅读器应与标签相匹配，选择时需要考虑的主要因素有通用性、频率、天线、网络接入方式等。

（1）通用性：有的阅读器可读写多种类型的标签，有的阅读器只能读写特定类型的标签。

（2）频率：应与标签一致。

（3）天线：有内部天线和外部天线之分。

（4）网络接入方式：主要有 LAN 方式和 WiFi 方式。

2. 传感器设备与传感网的选择

1）选择传感器

传感器的类别很多，可分为物理量传感器、化学量传感器、生物量传感器等。物理量传感器是目前应用得最广泛的一类传感器，主要有力传感器、光［学量］传感器、热学量传感器、声学量传感器、位移传感器等。在选择传感器时，除了考虑功能因素外，还要考虑灵敏度、频率响应特征、线性范围、稳定性、精度、尺寸、形状与安装方式等因素。

2）选择传感网

在选择传感网时，应考虑的主要因素有：是有线网络还是无线网络；是标准化网络还是专用型网络；所采用的无线传输方式（GPRS/3G/WiFi/蓝牙/ZigBee）；无线网络拓扑结构。

3. 光纤传感设备的选择

光纤传感器以其精准度高、传输距离远、应用范围广等特点成为目前众多应用的首选方案。在选择光纤传感设备时，应考虑的主要因素包括：调制方式（主要有强度调制、相位调制、波长调制、偏振态调制）；封装形式；组网方式；布设方式。

4. 中间件的选择

中间件是一种独立的系统软件或服务程序。分布式应用软件借助中间件在不同的技术之间共享资源。中间件位于客户机和服务器的操作系统上，是一类基础软件，属于可复用软件的范畴。中间件主要用于管理计算机资源和网络通信，为上层应用软件提供运行与开发的环境，帮助用户灵活、高效地开发和集成复杂的应用软件，使得上层应用无须关心各类具体信息源和应用的差异。

在选择中间件时，应考虑的主要因素包括：功能类别（主要有数据转换中间件、消息中间件、交易中间件、对象中间件、安全中间件、应用服务器等）、应用环境、安全性、技术成熟度、使用的难易程度、成本、先进性（符合技术发展方向）。

5. 路由器、交换机等通用网络设备的选择

在选择路由器与交换机时，应考虑的主要因素有性能、功能、接口（介质）类型、价格与售后服务、政策限制、安装限制等。目前，可供选择的设备非常多。

6. 传输介质的选择

物联网涉及各种设备与物品的联网，通常包括多种传输介质。在选择传输介质时，应考虑的主要因素有传输距离、连接方式、价格、安全性、安装限制。

通常，在末端（感知部分）可考虑无线传输。对于光纤传感器，可采用单模光纤或多模光纤。对于接入网络，可根据环境条件选择 GPRS/3G/4G 无线传输、WiFi 无线传输、光纤等。对于骨干网络，一般选择光纤。

项目实施

物理网络设计文档的作用是说明在什么样的特定物理位置实现逻辑网络设计文档中的相应内容，怎样有逻辑、有步骤地实现每项设计。

物理网络设计文档应详细地说明网络类型、连接到网络的设备类型、传输介质类型，以及网络中设备和连接器的布局，即线缆要经过的地方、设备和连接器要安放的位置，及其连接方式。下面给出一个提纲，可供参考。

1. 项目概述
2. 物理网络拓扑结构
3. 各层次网络技术选型
4. 物联网设备选型
5. 通信介质与布线系统设计
6. 供电系统设计（非机房部分）
7. 室外防雷系统设计
8. 软硬件清单
9. 最终费用估计
10. 注释和说明

参考以上提纲内容，编写物理网络设计文档。其中，必须包含的内容有：物理网络拓扑结构；各层次网络技术选型；物联网设备选型；通信介质与布线系统设计。

项目4 数据中心与物联网安全设计

数据中心是物联网系统完成数据收集、处理、存储、分发与利用的中枢，对整个物联网至关重要。物联网安全设计是物联网工程的基础任务，是物联网具有可用性的保证。因此，设计合理的数据中心和安全方案至关重要。

1. 任务要求

以某个智能园区为整体项目名称，设计一套完整的物联网数据中心与物联网安全设计方案，并编写规范的文档。

2. 任务指标

（1）进行计算机、服务器、存储设备选型。
（2）进行感知与识别系统安全设计。
（3）进行网络系统安全设计。
（4）进行数据中心安全设计。
（5）进行典型机房工程设计。
（6）编写数据中心与物联网安全设计文档。

3. 重点内容

（1）了解数据中心和物联网安全设计的任务和目标。
（2）掌握数据中心和物联网安全设计的原则、主要内容和方法。
（3）掌握数据中心和物联网安全设计阶段的关键技术。
（4）掌握数据中心和物联网安全设计文档的编写方法。

4. 关键术语

（1）**数据中心**：物联网系统完成数据收集、处理、存储、分发与利用的中枢，主要包括高性能计算机系统、海量存储系统、应用系统、云服务系统、信息安全系统，以及容纳这些信息系统的机房。机房主要包括电源系统、制冷系统、消防系统、监控与报警系统。

（2）**物联网安全设计**：是物联网工程的基础性任务，是物联网具有可用性的保证，需要分别从感知与标识系统的安全技术、网络系统的安全技术、物联网数据中心的安全技术，以及相应的设计要求来进行设计。

（3）**机房设计**：机房是核心网络设备和网络服务器的放置场所，机房设计对机房的标准化、规范化设计是十分必要的。机房建设主要包括温度和湿度的控制、防静电、防雷、防晒、机房电源等内容；机房设计主要包括电源系统设计、制冷系统设计、消防系统设计、监控与报警系统设计、机房装修设计。

4.1 数据中心的设计要点

4.1.1 任务和目标

数据中心集中了各种设备,有时以云中心的形式出现。

数据中心设计的任务和目标如下:

(1)设计高性能计算机系统,执行数据收集、处理、分发、利用等功能。

(2)设计服务器系统,提供各种网络服务。

(3)设计数据存储系统,用于保存海量数据。

(4)设计核心网络,用于连接外部网络和数据中心内部的各种设备。

(5)设计机房,保证数据处理、存储设备的正常运行,主要包括电源系统设计、制冷系统设计、消防系统设计、监控与报警系统设计。

(6)设计机房装修方案,提供必要的机房环境。

4.1.2 原则和方法

数据中心的设备和系统较多,既包括信息系统,又包括非信息系统,涉及多个专业和管理部门,因此数据中心的设计一般采用分类设计的原则,并请具有相关资质的公司协助设计。

1. 分类设计

分类设计的方法:

(1)将高性能计算机、各类服务器与存储系统归为一类,统一设计。

(2)将供电系统与配电系统作为一类,统一设计。

(3)将空调系统单独设计。

(4)将消防系统单独设计。

(5)将机房环境、监控与报警系统进行统一设计。

2. 请具有相关资质的公司协助设计

国家对信息系统的集成、消防系统、机房装修等的设计均有相关资质规定,因此,具有这些方面资质的公司可提供相对较好的方案。

4.1.3 数据中心设计文档的编写

数据中心的设计内容较多,一般统一规划、分项编写各自的设计文档后,汇总为完整的数据中心设计文档。

4.2 高性能计算机

高性能计算机承担用户提交的大量程序的计算和数据处理任务,要求具有很高的计算速度和 I/O 吞吐量。目前，高性能计算机主要有 SMP 计算机、MPP 计算机、集群计算机。

4.2.1　SMP 计算机

1. SMP 技术

SMP（Symmetrical Multi – Processing，对称多处理）技术是指在一台计算机上汇集了一组处理器（多 CPU），各 CPU 共享内存子系统和总线结构。

相对非对称多处理技术而言，SMP 技术是应用十分广泛的并行技术。在 SMP 技术中，一台计算机同时由多个 CPU 运行操作系统的单一副本，并共享内存和计算机的其他资源。虽然多个 CPU 同时运行，但是从管理的角度来看，它们的表现就像一个整体。系统将任务队列对称地分布于多个 CPU，从而极大地提高了整个系统的数据处理能力。所有 CPU 都可以平等地访问内存、I/O 和外部终端。

2. SMP 计算机系统

在 SMP 计算机系统中，系统资源被系统中所有 CPU 共享，工作负载能够均匀地分配到所有可用 CPU。SMP 计算机的典型结构如图 4 – 1 所示。

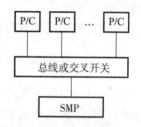

图 4 – 1　SMP 计算机的
典型结构示意

1）SMP 计算机系统的特点

（1）各 CPU 共享，并可以直接访问所有的内存。

（2）访问延迟、带宽及概率都是等价的，系统是对称的。

（3）由一个操作系统管理整个系统。

（4）支持共享内存方式的并行模式，如 OpenMP、pthreads 等。

（5）支持消息传递方式的并行模式，如 MPI、PVM 等。

（6）系统的价格相对较高。

（7）为提高系统的使用效率，需要有功能强大的资源管理软件和作业调度软件来配合进行系统管理，如 LSF、PBS 及 IBM 的 WLM 和 LoadLeveler 等。

2）SMP 计算机的缺点

SMP 计算机的可扩展性有限，目前尚无拥有超过 64 个 CPU 的 SMP 计算机。

当在 SMP 计算机系统中增加更多 CPU 时，系统就需要消耗更多的资源来支持 CPU 抢占内存。抢占内存是指当多个 CPU 共同访问内存中的数据时，并不能同时读写数据，如此便产生了需要等待的问题。当 CPU 越多时，需要等待的问题就越严重，导致计算机性能不仅没有得到提升，甚至还会下降。为了解决这个问题，一般采用增大计算机缓存（Cache）容量的办法，虽然这在一定程度上解决了问题，但会引发内存同步的问题，即每个 CPU 通过 Cache 访问内存数据时，要求系统必须保持内存中的数据与 Cache 中的数据一致，这就需要更好的 SMP 更新算法。

3. SMP 计算机系统的组建

要组建 SMP 计算机系统，就需要合适的 CPU 相配合。要求如下：

（1）CPU 内部必须内置 APIC（Advanced Programmable Interrupt Controllers，高级可编程中断控制器单元）。CPU 通过彼此发送中断来完成与 APIC 的通信，不同的 CPU 可以在某种程度上彼此进行控制。每个 CPU 都有自己的 APIC，并且有一个 I/O API 来处理 I/O 设备引起的中断，该 I/O API 是安装在主板上的，但每个 CPU 上的 APIC 不可或缺，否则将无法处理多 CPU 之间的中断协调。

（2）所有 CPU 必须具有相同的产品型号和同样类型的 CPU 核心。如果 CPU 的运行指令不完全相同，则 APIC 中断协调差异也很大。

（3）所有 CPU 必须具有完全相同的运行频率，否则系统无法正常运行。

（4）尽可能使用相同产品序列编号的 CPU。即使是同核心、同频率的 CPU，若生产批次不同，也可能造成不可预料的问题。

SMP 计算机的主要用途是运行串行性较强的程序。例如，对于数据库系统，因程序没有充分并行化，或者操作本身串行性较强，CPU 不能大量进行并行操作。

4.2.2　MPP 计算机

MPP（Massively Parallel Processing，大规模并行计算）计算机是指利用大量 CPU 来实现大规模并行处理的计算机。MPP 计算机的典型结构如图 4 - 2 所示。

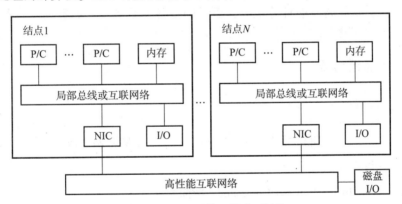

图 4 - 2　MPP 计算机的典型结构

每个结点包含 1 个或多个 CPU，数量众多的结点通过专用的高速网络来互连。大规模 MPP 计算机的 CPU 可超过 100 万个。

MPP 计算机的特点有：

（1）分布式存储。

（2）分布式 I/O。

（3）每个结点有多个 CPU、Cache（P/C）及本地存储器，结点内的 CPU 数一般小于 4。

（4）局部互联网可以使用总线或 Crossbar（交叉开关）。

（5）结点通过通用网卡或专用接口与高速网络相连。

由于采用分布式存储，因此 MPP 计算机具有较好的可扩展性，其存储器、I/O 与 CPU 能力之间能取得较好的平衡，计算能力与并行性、互连能力之间也能取得较好的平衡。

MPP 计算机价格昂贵、制造复杂，代表一个国家计算机产业的最高水平，主要用于科学与工程计算、网络计算（数据挖掘等）。对于用户来说，使用 MPP 计算机的最大问题是编程难度较大。

4.2.3 集群计算机

集群（Cluster）计算机是指将一组相互独立的计算机（或称为结点）利用高速通信网络组成的一个单一的计算机系统，它以单一系统的模式加以管理，从而提高可靠性、可扩展性和抗灾难性。一个集群包含多个拥有共享数据存储空间的计算机，各计算机通过内部局域网相互通信。当一台计算机发生故障时，它所运行的应用程序将由其他计算机自动接管。采用集群计算机系统通常是为了提高系统的稳定性、数据处理能力及服务能力。

集群计算机的适用范围很广，既适用于高并行性的科学与工程计算，又适用于高吞吐量的网络计算（如各种网络服务器），但不适合用作数据库服务器。

4.3 服务器

服务器是 20 世纪 90 年代迅速发展起来的主流计算产品，它是在网络环境下提供网上客户机共享资源（包括查询、存储、计算等）的设备，具有高可靠性、高性能、高吞吐能力、大内存容量等特点，并且具备强大的网络功能和友好的人机界面。在物联网数据中心，除了为用户提供计算功能的高性能计算机外，更多的是各种服务器，如数据库服务器、Web 服务器及 E-mail 服务器等。

4.3.1 服务器分类

1. 按 CPU 类型分类

按 CPU 类型，服务器可以分为 RISC 架构服务器、IA 架构服务器。

1）RISC 架构服务器

RISC（Reduced Instruction Set Computer，精简指令集）架构服务器使用 RISC 芯片，主要采用 UNIX 操作系统。RISC 的指令系统相对简单，只要求硬件执行有限且常用的部分指令，大部分复杂的操作使用成熟的编译技术，由简单指令合成。

目前，中高档计算机（特别是高档计算机）较多使用采用 RISC 指令系统的 CPU，主要的 RISC 处理器芯片生产商是 IBM 公司，其产品为 Power 系列处理器。

2）IA 架构服务器

IA 架构服务器是通常所说的 PC 服务器，包含 CISC 架构的服务器和 VLIW 架构的服务器。

（1）CISC 架构的服务器。

从计算机诞生以来，人们一直沿用 CISC（Complex Instruction Set Computing，复杂指令系统计算）指令集方式。在 CISC 微处理器中，程序的各个指令按顺序串行执行，每条指令中的各个操作也按顺序串行执行。顺序执行控制简单，但计算机的利用率不高，执行速度慢。

目前 CISC 架构的服务器以 IA - 32 架构（Intel 架构）为主，主要采用 Windows、Linux

等操作系统，多为中低档计算机所采用。

（2）VLIM 架构的服务器。

VLIW（Very Long Instruction Word，超长指令集）架构采用先进的 EPIC（显示并行指令）设计，又称 IA-64 架构。例如，每时钟周期 IA-64 可运行 20 条指令，而 CISC 通常只能运行 1~3 条指令，RISC 能运行 4 条指令，可见 VLIW 要比 CISC 和 RISC 强大得多。

VLIW 的最大优点是简化了处理器的结构，删除了处理器内部许多复杂的控制电路，这些电路通常是超标量芯片（CISC 和 RISC）协调并行工作时必须使用的。VLIW 的结构简单，芯片制造成本低廉，能耗少，其性能比超标量芯片高。VLIW 是简化处理器的最新途径。VLIW 芯片无须超标量芯片在运行时间协调并行执行时所必须使用的许多复杂的控制电路，而是将其交给编译器承担。但基于 VLIW 指令集字的 CPU 芯片使程序变得很大，需要更多内存。更重要的是，编译器必须更聪明，一个低劣的 VLIW 编译器对性能造成的负面影响远比一个低劣的 RISC 或 CISC 编译器所造成的要大。

目前基于 VLIW 架构的微处理器主要有 Intel 公司的 IA-64 和 AMD 公司的 X86-64。由于 IA-64 架构不能很好地兼容 IA-32 架构上的软件，因此基于 IA-64 的计算机占比并不高。

2. 按规模分类

按规模，服务器可以分为大型服务器、中型服务器、小型服务器和入门级服务器。

1）大型服务器

大型服务器（计算中心级或企业级）普遍可支持 4~8 个 CPU，属于高档服务器，拥有高内存、高带宽及大容量热插拔硬盘和热插拔电源，具有超强的数据处理能力、高度的容错能力、优异的扩展性能和系统性能、极长的系统连续运行时间，主要适用于需要处理大量数据、高处理速度和对可靠性要求极高的大型企业和重要行业，如金融、证券、交通、邮电及通信等行业，可用于提供 ERP（企业配置资源）、电子商务及 OA（办公自动化）等服务。

2）中型服务器

中型服务器（部门级）可以支持 2~4 个 CPU，具有较高的可靠性、可用性、可扩展性和可管理性，是企业网络中分散的各基层数据采集单位与最高层数据中心保持顺利连通的必要环节，适合中型企业（如金融、邮电等行业）的数据中心、Web 站点等应用。

3）小型服务器

小型服务器（基层工作组）一般支持 1~2 个 CPU，可支持大容量的 ECC（一种内存技术，多用于服务器上）内存，功能全面，可管理性强且易于维护，适用于为中小企业提供 Web、Mail 等服务，也可以用于学校的数字校园网、多媒体教室的建设等。

4）入门级服务器

入门级服务器通常只使用一个 CPU，并根据需要来配置相应的内存和大容量硬盘。

3. 按用途分类

按用途，服务器可以分为文件服务器、打印服务器、通信服务器、应用服务器。

1) 文件服务器

在网络操作系统的控制下，文件服务器管理存储设备中的文件，并提供给网络上的各个客户端计算机共享。它只负责共享信息的管理、接收、发送，不帮助工作站对所要求的信息进行处理。这是网络中最普遍、最基本的应用。

2) 打印服务器

打印服务器管理打印任务队列，并将网络上的多个打印机提供给客户机共享。打印服务的开销一般不大，通常与文件服务器合并在一起。

3) 通信服务器

通信服务器用于管理通信设备，将其提供给客户机共享，以减少网络的 TCO（Total Cost Ownership，总体拥有成本），并完成各个"小网"之间的连接和管理。由于需要不停地处理通信设备的硬件中断，所以通信服务器的 CPU 负载很重，在网络中一般使用专门的服务器来提高通信服务。

4) 应用服务器

文件管理服务器用于管理文件。数据库管理服务器用于管理多用户对数据库的访问、修改等操作，维护数据库系统的完整与安全。集中运算服务器利用服务器的数据处理能力对某些数据进行集中处理。网络管理服务器用于对网络的应用情况进行检测和控制。

4. 按服务器的外形与结构分类

按服务器的外形与结构，服务器可以分为塔式服务器、机架式服务器和刀片式服务器。

1) 塔式服务器

塔式服务器的外形与日常使用的立式 PC 差不多，由于其插槽多，所以机箱比较大。塔式服务器的主板扩展性较强，配置可以很高，冗余扩展也可以很齐备，而且成本低。

塔式服务器的应用范围非常广，是目前使用得最多的服务器，其局限性在于当需要采用多台服务器同时工作以满足较高的服务器应用需求时，由于塔式服务器个体比较大，占用空间多，不便于管理协同工作。

2) 机架式服务器

机架式服务器的外形看起来不像计算机而像交换机，有 1U、2U、4U 等规格。机架式服务器是一种优化结构的塔式服务器，占用空间小，便于统一管理，电源线和 LAN 连接线等整齐地放在机柜里，可有效防止意外。

受到内部空间的限制，机架式服务器的扩充性有限，且散热性较差，应用范围也比较有限，只能专注于某一方面的应用，如应用于远程存储和 Web 服务的提供等。

3) 刀片式服务器

刀片式服务器是指在标准高度的机架式机箱内插装多个卡式服务器单元，是一种实现 HAHD（高可用和高密度）的低成本服务器。刀片式服务器是专门为特殊应用行业和高密度计算机环境设计的，其主要结构为一个大型主体机箱，内部可插上许多"刀片"，每块刀片为一块系统母板。"刀片"类似于独立的服务器，可以通过本地硬盘启动并运行自己的操作系统，服务于指定的不同用户群，相互之间没有关联。此外，可以通过系统软件将"刀片"集合成一个服务器集群，在集群模式下，所有"刀片"可以连接起来提供高速的网络环境，并共享资源，为相同的用户群服务。在集群中插入新的"刀片"可以提高整体性能。由于每块"刀片"都支持热插拔，因此系统可以轻松地进行替换，并将维护时间缩短到最短。

刀片式服务器比机架式服务器更节省空间，同时，散热要求也更高，往往要在机箱内安装大型强力风扇来散热。此类服务器虽然较节省空间，但是其机柜与刀片的价格较高，一般应用于大型的数据中心或者需要大规模计算的领域，如银行、电信、金融行业，以及互联网数据中心等。

目前，节约空间、便于集中管理、易于扩展和提供不间断的服务，是对下一代服务器的新要求，刀片式服务器正好能满足这些需求，因而刀片式服务器市场需求正不断扩大，具有良好的市场前景。

4.3.2　服务器的性能

服务器的可靠性、可用性和可扩展性决定了服务器性能的优劣。

1. 可靠性

服务器的可靠性是指服务器可提供的持续非故障时间，该时间越长，则服务器的可靠性越高。

2. 可用性

服务器的可用性是指零故障时间，有些服务器用全年停机时间占整个年度时间的百分比来描述服务器的可用性。关键的企业应用都追求高可用性服务器，希望系统 24 小时或全年不停机、无故障运行。

3. 可扩展性

服务器的可扩展性（服务性）是指能否升级服务器，如增加内存的能力、提高处理器的能力、增加磁盘容量的能力，以及能否突破操作系统的限制等。

4.3.3　服务器的选择要点

1. 选择服务器的注意事项

网络服务器是整个网络的核心之一，如何选择与本网络规模适应的服务器，是有关决策者和技术人员需要考虑的问题。下面介绍选择服务器需要注意的事项。

1）网络环境及应用软件

这是确定整个系统主要有哪些应用，具体就是确定服务器需要支持的用户数量、用户类型、需处理的数据量等。不同应用软件的工作机制有所不同，对服务器的选配要求差别很大，常见的应用有文件服务、Web 服务、一般应用、数据库等。

2）可用性

服务器是整个网络的核心，不但要保证在性能上能够满足网络需求，还要保证性能的稳定性，即具有不间断向网络客户提供服务的能力。服务器的可靠运行是整个系统稳定发挥功能的基础。

3）可扩展性

物联网处于不断的发展之中，快速增长的应用需求将不断对服务器的性能提出新要求。为了减少更新服务器带来的额外开销和对工作的影响，所选择的服务器应当具有较高的可扩展性。

4）服务器选配

为了保证服务器高效地运转，就要合理搭配服务器的内部配件，以最小的代价获得最佳的性能。例如，虽然购买了高性能的服务器，但是服务器系统内部的某些配件使用了低价的兼容组件，就可能使有的配件处于瓶颈状态、有的配件处于闲置状态，最后导致整个服务器系统的性能不高。因此，要避免"小车拉大车"或"大车拉小车"的情况，任何一个可能导致系统产生瓶颈的配件（低速、小容量硬盘、小容量内存等）都有可能制约系统的整体性能。

2. 常见应用分析

目前最基本的服务器应用有数据库服务器、文件服务器、Web 服务器、E-mail 服务器、终端服务器等。这些应用对服务器配置要求的侧重点有所不同，下面逐一进行分析。

1）数据库服务器

数据库服务器要处理大量的随机 I/O 请求和数据传输，对内存、磁盘和 CPU 的运算能力都有很高的要求，目前主流的数据库产品有 IBM DB2、Oracle、Microsoft SQL Server、MySQL 及 Sybase 等。

数据库服务器对硬件需求的优先级依次为内存、磁盘、处理器（三者须合理搭配）。高端数据库服务器一般选用 SMP 计算机。

2）文件服务器

文件服务器是用于提供网络用户访问文件、目录的并发控制和安全保密措施的服务器。文件服务器要承载大容量数据在服务器和用户磁盘之间的传输，对网速有很高的要求。由于文件服务器需要存储和传输大量数据，因此对磁盘子系统的容量和速度都有一定的要求。选择高转速、高接口速度及大容量缓存的磁盘，并组建磁盘阵列，可以有效提升磁盘系统传输文件的速度。此外，大容量的内存可以减少读写磁盘的次数，为文件传输提供缓冲，并提升数据传输速度。因此，文件服务器对硬件需求的优先级依次是网络子系统、磁盘系统、内存，对 CPU 的要求通常不高，一般可选用集群计算机。

3）Web 服务器

Web 服务器的性能是由网站内容决定的。如果 Web 站点是静态的，则 Web 服务器对硬件需求的优先级依次为网络系统、内存、磁盘系统、CPU；如果 Web 服务器主要进行密集计算（如动态产生 Web 页），则对服务器硬件需求的优先级为内存、CPU、磁盘系统、网络系统。Web 服务器一般可选用集群计算机。

4）E-mail 服务器

E-mail 服务器对实时性要求不高，对处理性能要求也不高，但是由于其支持一定数量的并发连接，因此对网络子系统和内存有一定的要求。E-mail 服务器对硬件需求的优先级依次为内存、磁盘、网络系统、处理器，既可选用 SMP 计算机，也可选集群计算机。

5）终端服务器

终端服务器是实现集中化应用程序访问的一种服务器。使用终端服务的客户可以以图形界面的方式远程访问服务器，并且可以调用服务器中的应用程序、组件、服务等，如同操作本机系统。这样的访问不仅能方便用户，而且能大大提高工作效率，可以有效地节约企业的成本。

终端服务器将客户端的所有负载加载到服务器端，因此对服务器的处理能力有很高的要求。处理器要承载一定数量的并发请求，提高响应速度，如果处理能力不足，则容易造成服务器响应缓慢、软件运行错误等情况。高速、大容量的内存可以提高终端服务器的响应速度，因此内存也是终端服务器需考虑的因素。由于终端服务器与客户机的数据传输量不大，因此对网络要求不高，并且终端服务器主要应用于企业内部网络，内部高速的局域网环境完全可以满足终端服务器和客户端之间的带宽需求。

综上所述，终端服务器对硬件需求的优先级依次为处理器、内存、磁盘、网络系统。

4.3.4　网络操作系统选择

网络操作系统的性能除了取决于网络硬件设备的性能和网络结构设计外，在很大程度上会受到局域网中服务器的操作系统性能的影响。选择工作组级服务器的操作系统时，应考虑系统的可靠性，即能否负担大量用户的服务请求、以较快的速度处理数据、合理地排列服务等。无论在单机环境还是在联机环境中，系统是否便于使用和管理都是最大化雇员工作效率和满意度的关键因素。此外，降低成本也是绝大多数企业优先考虑的问题。

目前，Windows Server 2008 R2、Windows Server 2012 R2 等操作系统凭借其标准的安全性、可管理性和可靠性等，成为小企业的首选。高级用户（尤其是对安全性比较关注的用户）可以考虑采用 Linux 操作系统。

4.4　网络存储与备份设计

4.4.1　网络存储技术

网络存储技术基于数据存储，大致分为 3 种：直接附接存储（Direct Attached Storage，DAS）；网络附接存储（Network Attached Storage，NAS）；存储区域网（Storage Area Network，SAN）。

1. DAS

目前在各类网络中普遍采用的数据存储模式是 DAS，又称 SAS（Server-Attached Storage，服务器附接存储）。在这种方式中，存储设备室通过电缆（通常是 SCSI 接口电缆）直接连接服务器，作为服务器的组成部分。I/O 请求直接发送到存储设备。DAS 依赖服务器，其本身是硬件的堆叠，不带有任何存储操作系统。DAS 典型结构如图4-3所示。

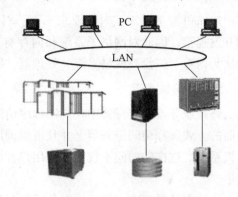

DAS 是典型的以服务器为中心的存储结构。操作流程：客户向文件服务器发送请求，文件服务器将请求发送给磁盘；磁盘访问相应的数据并将结果返回文件服务器，服务器将数据返回客户。

图4-3　DAS 典型结构

DAS 的优点：存储容量扩展简单，投入成本小、见效快。

DAS 的缺点：每台服务器拥有独立的存储磁盘，容量再分配困难；对于整个环境下的存储系统没有集中管理解决方案，工作烦琐而重复集中管理困难。

DAS 适合存储容量不高、服务器数量少的中小型局域网。

2. NAS

NAS 是一种采用直接与网络介质相连的特殊设备来实现数据存储的机制。由于这些设备都分配有 IP 地址，因此客户机通过充当数据网关的服务器就可以对其进行存取访问，甚至在某些情况下不需要任何中间介质，客户机也可以直接访问这些设备。

NAS 是一种专业的网络文件存储及文件备份设备，它是基于 LAN 的网络附接存储设备，按照 TCP/IP 进行通信，以文件 I/O 方式进行数据传输。在 LAN 环境下，NAS 可以实现异构平台（如 Windows、UNIX 等）之间的数据共享。

一个 NAS 系统包括处理器、文件服务管理模块和多个硬盘驱动器（用于数据的存储）。NAS 可以应用于任何网络环境。主服务器和客户机可以非常方便地在 NAS 上存取任意格式的文件，包括 SMB 格式（Windows）、NFS 格式（UNIX/Linux）等。NAS 典型结构如图4-4所示。

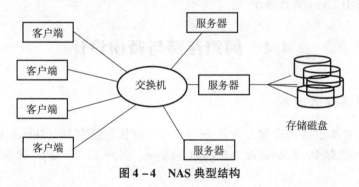

图4-4　NAS 典型结构

1）NAS 的优点

（1）NAS 提供了一个高效的、低成本的资源应用系统。NAS 是一套独立的网络服务器，可以灵活地布置在网络的任意网段，让通用服务器有更多的计算资源来处理用户的其他业务和应用，从而能减轻通用服务器负担，并提高资源信息服务的效率和安全性。

（2）NAS 具有良好的可扩展性、可管理性。对 NAS 进行扩展，只需要添加一个结点及网络设备（即插即用），启动 NAS 设备、运行相应的网络文件系统，并将该 NAS 设备接入网络环境即可完成添加。可管理性是指 NAS 的使用和维护成本低，且管理和维护工作也相对简单。

（3）方便数据共享。NAS 支持多种操作系统（UNIX、Linux 及 Windows 等）和多文件格式，能适应企业内部网络越来越庞大而形成的多操作系统、网络设备多样化的复杂网络环境。

（4）提供灵活的个人磁盘空间服务。NAS 可以为每个用户创建个人的磁盘使用空间，方便查找和修改自己创建的数据资料。

（5）提供数据在线备份的环境。NAS 支持外接的磁带机，能有效地将数据从服务器传输到外接的磁带机上，保证数据安全，实现快捷备份。

（6）有效保护资源数据。NAS 具有自动日志功能，可以自动记录所有用户的访问信息。嵌入式的操作管理系统能够保证系统永不崩溃，以保证连续的资源服务，并有效保护资源数据的安全。

2）NAS 的缺点

（1）拥有相同存储空间所需的成本要比 DAS 高很多。

（2）由于 NAS 设备与客户机之间主要进行数据传输，传输过程占用大量的处理器资源，使在同一个服务器上运行的其他应用程序受到影响，因此不适用于数据库存储和 Exchange 存储等要求高使用率的任务。

（3）存储性能有限。NAS 获得数据的最大速率受连接到 NAS 的网络速率的限制，因此若多台客户机同时访问，则 NAS 的性能将大大下降。

（4）可靠性有待提高。NAS 后期的扩容成本高，且一般的 NAS 没有高可用配置，因此在存储基础设施中有潜在结点故障的可能。

3）NAS 应用

NAS 支持多种协议（NFS、HTTP、FTP 等）和各种操作系统，可应用于任何网络环境，能实现异构平台之间的数据共享，且在 NAS 上可以存取任意格式的文件。因此，对数据安全性要求高、数据存储量大且数据管理程度要求高、网络中有异构平台的信息系统环境，可以考虑使用 NAS。具体应用有：办公自动化 NAS 解决方案、税务 NAS 解决方案、广告 NAS 解决方案、教育 NAS 解决方案等。

3. SAN

SAN 是指存储设备相互连接且与一台服务器或一个服务器群相连的网络，以服务器作为 SAN 的接入点，其典型结构示意如图 4 - 5 所示。SAN 将特殊交换机用作连接设备，特殊交换机是 SAN 中的连通点。SAN 使得在各自网络上实现相互通信成为可能，并带来了很多有利条件。

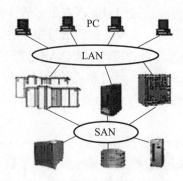

图 4-5　SAN 典型结构示意

1）SAN 技术

SAN 采用光纤通道（Fibre Channel，FC）技术，通过光纤通道交换机（FC-SW）连接存储阵列和服务器，建立专用于数据传输的区域网络。FC 支持点对点、仲裁环、交换式网络结构等拓扑结构。

（1）点对点。点对点是最简单的 FC 配置方案，即两台设备直接相连，如图 4-6 所示。这种方案为每对结点间的数据传输提供专用的连接。但是，点对点配置方案只能提供有限的互联能力，在同一时间只能两台设备之间相互通信，而且不能容纳大量网络设备。标准的 DAS 使用点对点连接。

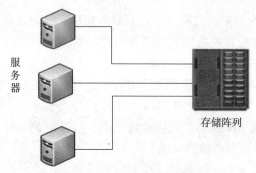

图 4-6　点对点结构示意

（2）仲裁环。仲裁环是指将设备连接到一个共享的环，其拥有令牌环拓扑和星形物理拓扑的特性。在仲裁环里，每台设备都与其他设备争用信道以进行 I/O 操作，在环上的设备必须被仲裁才能获得环的控制权。在某个既定的时间点，只有一台设备可以在环上进行 I/O 操作。仲裁环的结构示意如图 4-7 所示。

在实现仲裁环时，也有可能使用集线器，尤其是在仲裁环的物理连接采用星形拓扑时。

仲裁环在环内共享带宽，由于环上的每台设备都必须排队等待 I/O 请求的处理，因此在仲裁环里的数据传输速率会变得很低。

（3）交换式网络结构。在交换式网络结构中，由光纤通道交换机提供互联设备、专用带宽以及可扩展性。在一个交换网里增加（或移除）设备极少引起网络服务中断，且不会影响其他结点正在传输的数据流量。交换式网络的结构示意如图 4-8 所示。

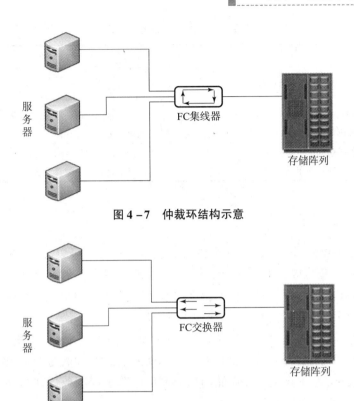

图4-7　仲裁环结构示意

图4-8　交换式网络结构示意

2）SAN 的优点

（1）高可用性，高性能。

（2）便于扩展。由于 SAN 具有网络的特点，因此其存储几乎具有无限的扩展能力，可以满足企业数据存储需求的快速增长。

（3）实现高效备份。SAN 通过支持在存储设备和服务器之间传输海量数据块来提供有效的数据备份方式。

3）SAN 的缺点

（1）价格昂贵，结构复杂。

（2）在异构环境下不能实现文件共享。操作系统停留在服务器端，用户不能直接访问 SAN。

4. NAS 与 SAN 的比较

NAS 和 SAN 的最大区别是 NAS 有文件操作系统和管理系统，而 SAN 没有这样的管理系统功能，其功能仅停留在文件管理的下一层，即数据管理。使用 SAN 访问数据时，不会占用 LAN 资源，速度快；使用 NAS 时，需要与文件服务器进行交互，速度慢。

NAS 和 SAN 并不相互冲突，它们可以共存于一个系统网络，但 NAS 通过一个公共的接口实现空间管理和资源共享，SAN 仅为服务器存储数据提供一个专门的快速后方通道。NAS 与 SAN 的对比如表4-1所示。

表 4 - 1　NAS 与 SAN 的对比

项目	NAS	SAN
协议	TCP/IP	Fibre Channel； Fibre Channel – to – SCSI
应用	文件共享（NFS 或 CIFS）； 小数据块远程传输	关键数据库应用处理； 灾难恢复，强化存储
优势	文件级访问，中高性能； 部署快速、简单	可用性高，数据传输可靠； 网络流量降低，配置灵活

4.4.2　iSCSI 技术

iSCSI 技术由 IBM 公司研发，是一个供硬件设备使用的、可以在 IP 协议的上层运行的 SCSI 指令集，该指令集可以在 IP 网络上运行 SCSI 协议，使其能够在高速千兆以太网上进行路由选择。iSCSI 技术是一种新储存技术，该技术将现有 SCSI 接口与以太网络技术结合，使服务器与使用 IP 网络的存储装置互相交换资料。

iSCSI 技术基于 TCP/IP，可以建立和管理 IP 存储设备、主机、客户机之间的相互连接，并能创建 SAN。由于数据传输以块级传输，因此 iSCSI 可以实现大量数据封装和高速的数据传输。此外，iSCSI 克服了直接连接存储的局限，可以跨不同服务器共享存储资源，还可以在不停机的情况下扩充存储容量。

1. iSCSI 的工作过程

SCSI 模型采用客户/服务器（Client/Server，C/S）模式；客户机称为 Initiator，负责启动程序；服务器称为 Target，定义 SCSI 到 TCP/IP 的映射。

iSCSI 的工作过程（图 4 - 9）：Initiator 将 SCSI 指令和数据封装成 iSCSI 协议数据单元，向下提交给 TCP 层，最后封装成 IP 数据包在 IP 网络上传输；数据包到达 Target 后通过解封还原成 SCSI 指令和数据，由存储控制器发送到指定的驱动器，从而实现 SCSI 命令和数据在 IP 网络上的透明传输。iSCSI 整合了现有的存储协议 SCSI 和网络协议 TCP/IP，实现了存储与 TCP/IP 网络的无缝融合。

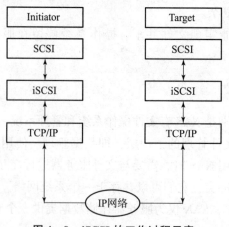

图 4 - 9　iSCSI 的工作过程示意

2. iSCSI 的类型

iSCSI 从架构上可分为 4 种类型：控制器架构；连接桥架构；PC 架构；PC + NIC 架构。

1) 控制器架构

控制器架构采用与 FC 光纤存储设备相同结构的核心处理单元，即采用专用的数据传输芯片、RAID 数据校验芯片、高性能 Cache 和嵌入式操作系统。打开设备机箱可以看到 iSCSI 设备内部采用无线缆的背板结构，所有部件与背板之间通过标准或非标准的插槽连接在一起，而不是普通 PC 中的多种不同型号和规格的线缆连接。

控制器架构 iSCSI 存储内部基于无线缆的背板连接方式，完全消除了连接上的单点故障，具有较高的安全性和稳定性，一般可用于对性能的稳定性和可用性具有较高要求的在线存储系统，如中小型数据库系统、大型数据的库备份系统、远程容灾系统等。

控制器架构的 iSCSI 设备的核心设备全部采用硬件，制造成本较高，一般销售价格较高。

2) 连接桥架构

连接桥架构的存储设备分为两部分：一部分是前端协议转换设备；另一部分是后端存储设备。连接桥架构在结构上类似 NAS 网关及其后端存储设备。

前端协议转换设备一般为硬件设备，主机接口一般为千兆以太网接口，可对外提供 iSCSI数据传输协议；磁盘接口一般为 SCSI 接口或 FC 接口，可连接 SCSI 磁盘阵列和 FC 存储设备。后端存储设备一般采用 SCSI 磁盘阵列和 FC 存储设备，将 SCSI 磁盘阵列和 FC 存储设备的主机接口直接连接 iSCSI 桥的磁盘接口。

iSCSI 连接桥设备本身只有协议转换功能，没有 RAID 校验和快照、卷复制等功能。因此，创建 RAID 组和 LUN（逻辑单元号）等操作必须在存储设备上完成，存储设备有什么功能，整个 iSCSI 设备就具有什么功能。

随着 iSCSI 技术的逐渐成熟，连接桥结构的 iSCSI 设备越来越少，目前市场上基本看不到这样的产品了。

3) PC 架构

PC 架构将存储设备建立在 PC 服务器的基础上，即先选择一个性能优良的、可支持多块磁盘的 PC（一般为 PC 服务器和工控服务器），再选择一款相对成熟稳定的 iSCSI Target 软件并将之安装在 PC 服务器上，使普通的 PC 服务器成为一台 iSCSI 存储设备，并通过 PC 服务器的以太网卡对外提供 iSCSI 数据传输服务。

PC 架构的优点是研发、生产、安装、使用简单，硬件和软件成本低，因此在对性能稳定性要求较低的系统中具有较高优势。但是，PC 架构的 iSCSI 存储设备上的所有 RAID 校验、逻辑卷管理、iSCSI 运算、TCP/IP 运算等都以纯软件方式实现，因此对 PC 的 CPU 和内存性能要求较高。此外，PC 架构的性能极易受到 PC 服务器运行状态的影响。

4) PC + NIC 架构

PC + NIC（网络接口）架构是指在 PC 服务器中安装高性能的 ToE（被称为 TCP 减负引擎，TCP Offload Engine）智能 NIC 卡，将 CPU 资源较大的 iSCSI 运算、TCP/IP 运算等数据传输操作转移到智能卡的芯片上，由智能卡的专用芯片来完成 iSCSI 运算、TCP/IP 运算等，简化网络两端的内存数据交换程序，从而加速数据传输，降低 PC 的 CPU 占用，提高存储性能。

3. iSCSI 的优点

iSCSI 能够快速提高网络数据传输速度，虽然目前其性能、带宽与光纤网络相比还存在一定差距，但能够节省企业 30%~40% 的成本。

iSCSI 的主要优点体现在以下几方面：

（1）硬件成本低。构建 iSCSI 存储网络所需的硬件中，除了存储设备外，交换机、线缆、接口卡都是标准的以太网配件，价格相对比较低廉。同时，iSCSI 还可以在现有网络上直接进行安装，无须更改企业的网络体系，从而可以最大限度地节约投入成本。

（2）操作简单，维护方便。对 iSCSI 存储网络的管理就是对以太网设备的管理，企业只需要花费少量资金来培训 iSCSI 存储网络管理员。当 iSCSI 存储网络出现故障时，问题定位及解决也会因为以太网的普及而变得容易。

（3）扩充性强。对于已经构建的 iSCSI 存储网络而言，增加 iSCSI 存储设备和服务器都将变得简单且无须改变网络的体系结构。

（4）带宽和性能。iSCSI 存储网络的访问带宽依赖以太网带宽。随着千兆以太网的普及和万兆以太网的应用，iSCSI 存储网络达到甚至超过了传统存储网络的带宽和性能。

（5）突破距离限制。iSCSI 存储网络使用的是以太网，因而在服务器和存储设备的空间布局上所受的限制就少，甚至可以突破地区和国家的限制。

4.4.3 网络存储系统的设计

目前，网络存储系统主要有三种模式：DAS、NAS 和 SAN。无论选用哪种存储系统，都应考虑性价比和易用性、与现有应用系统的兼容性、存储系统未来的升级与发展。

1. DAS

在很多情况下，DAS 是一种理想的选择。例如：

（1）虽然需要快速访问存储系统，但是用户还不能接受最新的 SAN 技术的价格，或者 SAN 技术在用户的公司中还不是一种必要技术。

（2）对于那些对成本非常敏感的用户而言，在很长一段时间内，DAS 将仍然是一种比较便宜的存储机制。当然，这是在只考虑硬件物理介质成本的情况下才有这种结论。

（3）在某些情况下，存储系统必须直接连接应用服务器，如双机容错。

（4）数据库服务器和应用服务器需要直接连接存储系统，如 Web 服务器、E-mail 服务器等。

2. NAS

NAS 设备将服务器与存储设备分离，集中管理数据，从而有效释放带宽，提高了整体的网络性能。

NAS 以其流畅的结构设计，具有以下突出性能：

（1）避免产生服务器 I/O 瓶颈。

（2）简便实现 Windows NT 与 UNIX 操作系统下的文件共享。

（3）设备的安装、管理与维护都简便。

（4）按需增容，方便容量规划。

（5）可靠性高。

NAS 可直接连入以太网，非常适合中小企业在现有网络环境下解决存储问题。

3. 慎选 SAN 和 iSCSI

（1）SAN 侧重于很高的可靠性、安全性及很强的容错能力，只有当数据量非常大，并要求在存储资源和服务器之间建立直接的数据连接的高速网络时，才考虑采用 SAN。此外，其价格昂贵、管理复杂，且还未完全解决兼容性、互操作性问题，因此中小企业尽量不要选择这种存储模式。

（2）iSCSI 在 IP 网络上应用 SCSI 协议，集 NAS 和 SAN 的优点于一身，非常适合中小企业的网络存储。但是，作为新技术，它目前还未完全成熟，只有在千兆位以太网的基础上才能够更好地发挥它的优势。因此，对于大多数中小企业而言，这种网络存储架构只能作为未来选择的方向。

DAS、NAS、SAN 与 iSCSI 的对比如表 4 - 2 所示。

表 4 - 2　DAS、NAS、SAN 与 iSCSI 的对比

项目	DAS	NAS	SAN	iSCSI
存储类型	存储设备	存储设备	存储网络	存储网络
适配器	SCSI 适配器	以太网适配器	光纤通道适配器	以太网适配器
传输单位	块 I/O	文件 I/O	块 I/O	块 I/O
网络连接协议	SCSI	TCP/IP	FC（光纤通道）	TCP/IP
管理方式	在服务器上管理	在存储设备上管理	在服务器上管理	在服务器上管理
性价比	性能低，成本低	性能适中，成本低	性能高，成本高	性能高，成本适中

4.4.4　数据备份

1. 备份的概念

备份（Backup）是存储在非易失性存储介质上的数据集合，这些数据用于在原始数据丢失或者不可访问的条件下进行数据恢复。为了保证恢复时备份的可用性，备份必须在一致性状态下通过复制原始数据来实现。

数据备份是指为防止系统出现硬件故障、软件错误、人为误操作等意外而造成数据丢失，将全部（或部分）原数据集合复制到其他存储介质中。

2. 数据备份的类型

数据备份的类型大致可以分为完全备份、增加备份、差异备份。

1）完全备份

完全备份的每个档案都会被写进备份装置，不会在备份前检查该档案在上次备份后是否有变更，完全备份只是机械地对每个档案进行备份。

2）增量备份

增量备份会检查每个档案的修改时间，以确定是否进行备份。增量备份的备份速度比完全备份快，但是数据恢复过程较为复杂。

3）差异备份

差异备份只备份变更过的档案。该方式是累积备份，即自上一次完全备份后变更过的档案，在每次差异备份时都进行备份，直到下一次完全备份为止；复原系统时，只要先复原完全备份，再复原最后一次差异备份即可。差异备份的备份速度介于完全备份和增量备份之间。

3. 网络存储备份技术

1）Host-Based 备份

Host-Based 采用传统数据备份的结构。在这种结构中，磁带库直接连接服务器，只为该服务器提供数据备份服务。在大多数情况下，Host-Based 备份采用服务器上自带的磁带机，备份操作往往通过手工操作的方式进行，如图 4-10 所示，图中的虚线表示数据流。

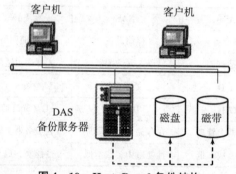

图 4-10 Host-Based 备份结构

Host-Based 备份适合以下应用环境：

（1）无须支持关键性的在线业务操作。

（2）维护少量网络服务器（小于 5 个）。

（3）支持单一操作系统。

（4）需要简单和有效的管理。

（5）适用于每周（或每天）一次的备份频率。

Host-Based 备份是最简单的数据备份，适用于小型企业用户进行简单的文档备份。

Host-Based 备份结构的优点是数据传输速度快，备份管理简单；缺点是可管理的存储设备少，不利于备份系统的共享，不适合大型的数据备份，而且不能提供实时备份。

2）LAN-Based 备份

LAN-Based 备份结构是小型办公环境最常使用的备份结构，如图 4-11 所示。在该结构中，数据的传输是以局域网为基础的，需预先配置一台服务器作为备份管理服务器，负责整个系统的备份操作。磁带和磁盘则连接某台服务器，在数据备份时，备份对象会把数据通过网络传输到磁盘和磁带，实现备份。

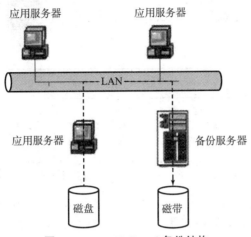

图 4 –11　LAN–Based 备份结构

　　备份服务器可以直接接入主局域网或接入专用的备份局域网。如果直接接入主局域网，当备份数据量很大时，备份数据会占用很大的网络带宽，主局域网的性能将快速下降；如果接入专用的备份局域网，则可以减少备份进程与普通工作进程的相互干扰，保证主局域网的正常工作性能。

　　LAN–Based 备份结构的优点是投资经济、磁盘和磁带共享及集中备份管理；缺点是对网络的传输压力大，当备份数据量大或备份频率高时，局域网的性能快速下降，不适合重载荷的网络应用环境。

　　3）LAN–Free 备份

　　为彻底解决传统备份方式需要占用 LAN 带宽的问题，基于 SAN（存储区域网）的备份是一种很好的技术方案。LAN–Free 和 Server–Free 的备份系统是建立在 SAN 的基础上的两种具有代表性的解决方案。它们采用全新的体系结构，将磁带库和磁盘阵列各自作为独立的光纤结点，多台主机共享磁带库备份时，数据流不再经过网络而直接从磁盘阵列传到磁带库内，是一种无须占用网络带宽的解决方案。LAN–Free 备份结构示意如图 4 –12 所示。

　　目前，LAN–Free 有多种实施方式。通常，用户需要为每台服务器配备光纤通道适配器，适配器负责把服务器连接到与一台或多台磁带机（或磁带库）相连的 SAN 上；同时，还需要为服务器配备特定的管理软件，系统通过管理软件将块格式的数据从服务器内存经 SAN 传输到磁带机（或磁带库）中。

　　还有一种常用的 LAN–Free 实施办法。在这种结构中，主备份服务器上的管理软件可以启动其他服务器的数据备份操作，块格式的数据从磁盘阵列通过 SAN 传输到临时存储数据的备份服务器的内存中，再经 SAN 传输到磁带机（或磁带库）中。

　　LAN–Free 技术仍然让服务器参与将备份数据从一个存储设备转移到另一个存储设备的过程，在一定程度上占用了服务器的 CPU 处理时间和服务器内存。另外，LAN–Free 技术的恢复能力很一般，非常依赖用户的应用。

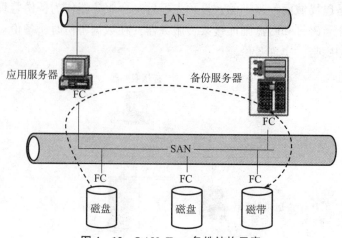

图 4-12 LAN-Free 备份结构示意

LAN-Free 备份的优点是数据备份统一管理、备份速度快、网络传输压力小、磁带库资源共享；缺点是少量文件恢复操作烦琐、技术实施复杂、投资较高。

4）Server-Free 备份

Server-Free 备份技术是 LAN-Free 的延伸，可使数据在 SAN 结构中的两个存储设备之间直接传输，通常是在磁盘阵列和磁带库之间。它不需要在服务器中缓存数据，从而减少对主机 CPU 的占用，提高操作系统工作效率。Server-Free 备份结构示意如图 4-13 所示。

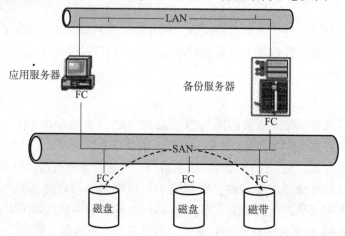

图 4-13 Server-Free 备份结构示意

Server-Free 备份也有多种实施方式。通常情况下，备份数据通过数据移动器从磁盘阵列传输到磁带库上，该设备可能是光纤通道交换机、存储路由器、智能磁带、磁盘设备或服务器。

数据移动器执行的命令是把数据从一个存储设备传输到另一台设备，实施这个过程有两种方法：

（1）借助 SCSI-3 的扩展复制命令。它使服务器能够发送命令给存储设备，指示后者把数据直接传输到另一台设备，而不必通过服务器内存。

（2）利用网络数据管理协议（NDMP）。在实施过程中，NDMP 把命令从服务器传输到备份应用中，与 NDMP 兼容的备份软件开始实际的数据传输工作，且数据的传输不需通过服务器内存。使用 NDMP 便于在异构环境下实施备份和恢复，并增强不同厂商的备份和恢复管理软件与存储硬件之间的兼容性。

Server-Free 备份与 LAN-Free 备份有着诸多相似的优点。对于 Server-Free 备份来说，源设备、目的设备和 SAN 设备是主要的备份数据通道。虽然服务器仍然需要参与备份过程，但负担已大大减轻，只提供指挥，不参与装载和运输，不是主要的备份数据通道。

Server-Free 备份技术能够缩短备份及恢复时间。由于备份过程在专用高速存储网络上进行，决定吞吐量的是存储设备的处理速度，而不是服务器的处理能力，因此系统性能将大为提升。此外，如果采用 Server-Free 备份技术，数据可以数据流的形式被传输给多个磁带库或磁盘阵列。

与 LAN-Free 一样，Server-Free 备份可能导致同样类型的兼容性问题，而且恢复功能方面还有待改进。

4. 备份介质

用于备份的介质有磁盘、磁带和光盘等。

（1）磁盘：主要是硬盘，分为内部硬盘和外部硬盘。

（2）磁带：存储大容量数据最经济的介质，易于转移和异地保存，兼容大多数系统，但存取速度较慢。

（3）光盘：数据可持久存储，便于携带，与硬盘备份相比较为经济。

5. 备份软件

目前主要的备份软件有 NetBackup、NetWorker 及 IBM Tivoli 等。

理想的备份软件应具备集中式管理、全自动备份、数据库备份和恢复、在线式索引、归档管理、有效媒体管理的功能，并且能够满足系统不断增加的需求。

4.4.5　云计算服务设计

云计算的思想是将桌面上的计算移到基于服务器集群和大型数据库的面向服务的数据中心平台上进行，用户无须购买、建设昂贵的系统，可以按需租用所需要的计算、存储等服务。云计算的核心是服务与租用。

1. 云计算的分类

按照服务类型的不同，云计算可分为基础设施即服务（Infrastructure as a Service，IaaS）、平台即服务（Platform as a Service，PaaS）和软件即服务（Software as a Service，SaaS）；按照使用范围不同，云计算可分为公有云和私有云。

1）IaaS

用户通过 Internet 可以从完善的计算机基础设施获得服务。这类服务称为基础设施即服务。提供给用户的服务是运营商运行在云计算基础设施上的应用程序，用户可以在各种设备上通过客户端界面访问，如浏览器。用户不需要管理（或控制）任何云计算基础设施，包括网络、服务器、操作系统、存储等。

2）PaaS

提供给用户的服务是把用户采用系统提供的开发语言和工具（如 Java、Python、.Net 等）开发的（或收购的）应用程序部署到供应商的云计算基础设施上去。用户不需要管理（或控制）底层的云基础设施，包括网络、服务器、操作系统、存储等，但用户能控制部署的应用程序，也有可能控制运行应用程序的托管环境配置。

3）SaaS

提供给用户的服务是对所有计算基础设施的利用，包括处理 CPU、内存、存储、网络和其他基本的计算资源，用户能够部署和运行任意软件，包括操作系统和应用程序。用户无须管理（或控制）任何云计算基础设施，但能控制操作系统的选择、存储空间、部署的应用，也有可能获得有限制的网络组件（如路由器、防火墙、负载均衡器等）的控制。

2. 云存储系统

强存储系统以云的形式提供服务，就构成了云存储系统。

用户可以按需租用存储容量，自己实施数据访问控制，对用户进行访问授权，普遍使用的各类云盘即云存储的例子。

3. 云计算服务系统的设计

物联网工程多数是专用系统，并不需要建设成云计算系统，若需要按云计算方式为用户提供服务，则可选择 IaaS、PaaS、SaaS 之一或组合方式，并选择相应软件系统，将系统设计成虚拟化服务，按需出租给用户使用。

4.5 感知系统与标识系统的安全设计

4.5.1 RFID 系统的安全设计

1. RFID 安全特征与选型

射频识别（Radio Frequency Identification，RFID）是一种利用无线电波与电子标签进行数据传输交换的技术。其中，电子标签可以附着在物品上，识别电子标签的阅读器可以通过与电子标签的无线电数据交换来实现对物品的识别与跟踪。阅读器可以识别几米以外不在视野范围内的电子标签。同时，RFID 数据通信支持多标签同时读写，即能够在很短的时间内批量读出标签数据。

1）RFID 系统的组成

RFID 系统主要包括 RFID 阅读器、电子标签及后台支撑系统。RFID 阅读器的主要功能是质询电子标签和处理标签信息；此外，RFID 阅读器还具备其他通信接口（如串口、网口等），可以结合阅读器内部的嵌入式系统，实现 RFID 硬件设备与网络的连接。网络上部署的服务器可以利用 RFID 系统的设备驱动提供的软件接口来接收阅读器发送过来的电子标签数据，处理数据并通过软件接口向 RFID 阅读器发送指令。电子标签的主要部件是存储部件、逻辑处理电路、RFID 收发器、天线和基底。

2）RFID 的使用

RFID 在使用中一般经过 4 个阶段，即感应、选中、认证和应用，每个阶段都存在相应的安全问题，在进行 RFID 系统安全设计时应统筹考虑。一个安全良好的 RFID 系统应具备 3 个特征：

（1）正确性特征，即要求协议保证真实的标签被认可。

（2）安全性特征，即要求协议保证伪造的标签不被认可。

（3）隐私性特征，即要求协议保证未授权的标签不被识别或跟踪。

RFID 系统的隐私性特征比正确性特征、安全性特征更难保证，需要结合多个层次的协议来实现。在多数情况下，隐私性特征建立在正确性特征和安全性特征的基础上。

3）RFID 的分类

从硬件对安全性特征和隐私性特征的支持程度来看，RFID 可分为以下 4 类。

（1）超轻量级 RFID。此类 RFID 成本最低，只有非常简单的逻辑门电路，实现小数据量的读（写），主要应用于对安全无特别要求的领域，如使用范围受控的物流等。此类 RFID 本身的安全性能几乎可以忽略不计，所构建的系统一般会通过系统的方法加强安全性。

（2）轻量级 RFID。此类 RFID 在内部实现了循环冗余校验（CRC），可以在一定程度上实现对数据完整性的检查，因此可应用于开放环境、对安全性要求很低的领域。

（3）简单 RFID。此类 RFID 可与终端进行交互质询，安全性大大提高，可支持较复杂的协议。轻量级 RFID 也是目前市场占有量最大的。

（4）全功能 RFID。此类 RFID 的硬件支持公钥算法的可应用实现，如 RSA 和 ECC，安全强度最高，可应用于 PKI 体系，也可应用于基于身份的加密或基于属性的加密，同时成本也较高。全功能 RFID 可用于对安全要求很高的领域。

2. RFID 的物理攻击防护

针对标签和阅读器的攻击方法很多，有破坏性的，也有非破坏性的；有针对物理芯片或系统结构的，也有针对逻辑协议和通信协议的；有针对密码和 ID 的，也有针对应用的。

1）物理攻击的手段

攻击的手段主要包括软件技术、窃听技术和故障产生技术。软件技术使用 RFID 的通信接口，寻求安全协议、加密算法及其物理实现的弱点；窃听技术采用高时域精度的方法，分析电源接口在微处理器正常工作过程中产生的各种电磁辐射的模拟特征；故障产生技术通过产生异常的应用环境条件，使处理器产生故障，从而获得额外的访问途径。

2）物理攻击的窃听范围

RFID 的通信内容可能会被窃听。从攻击距离和相应技术上，攻击者能够窃听的范围分为以下几类。

（1）前向通道窃听范围：在阅读器到标签的信道，阅读器广播一个很强的信号，可以在较远的距离监听到。

（2）后向通道窃听范围：从标签到阅读器传递的信号相对较弱，只有在标签附近才可以监听到。

（3）操作范围：在该范围内，通用阅读器可以对标签进行读取操作。

（4）恶意扫描范围：攻击者建立一个较大的读取范围，阅读器和标签之间的信息交换内容可以在比直接通信距离相关标准更远的范围被窃听到。

无线通信的窃听较难被侦测到。因为窃听快速通信是一个被动的过程，不会发出信号。例如，当 RFID 用于信用卡时，信用卡与阅读器之间的无线电信号能被捕获并被解码，攻击者可以得到持卡人的姓名、完整的信用卡卡号、信用卡到期时间、信用卡类型及所支持的通信协议等信息，可能造成持卡人的经济损失或隐私泄漏。

3）略读

略读是指通过非法阅读器在标签所有者不知情或没有得到合法持有者同意的情况下读取存储在 RFID 上的数据，其原因是大多数标签会在无认证的情况下广播存储的内容。略读攻击的典型应用是读取电子护照信息。电子护照中的信息读取采用强制被动认证机制，要求使用数字签名，阅读器能够证实来自正确的护照发放机关的数据。然而，阅读器数字签名如果未与护照的特定数据相关联，只支持被动认证，那么标签会不加选择地进行回答，配有阅读器的攻击者就能获取护照持有者的名字、生日和照片等敏感信息。

4）基于物理的反向工程攻击

基于物理的反向工程攻击是一种破坏性的物理攻击，它的目标不仅是复制，也可能是版图重构。通过研究连接模式和跟踪金属连线穿越可见模块（如 ROM、RAM、EEPROM、ALU 及指令译码器等）的边界，可以迅速识别标签芯片上的一些基本结构，如数据线和地址线。

对于 RFID 设计来说，射频模拟前端需要采用全定制方式实现，但是常采用 HDL（硬件描述语言）描述来实现包括认证算法在内的复杂控制逻辑，采用标准单元库综合的实现方法会加速设计过程，但是也给以反向工程为基础的破坏性攻击提供了极大的便利，这种以标准单元库为基础的设计可以使用计算机自动实现版图重构。因此，采用全定制的方法来实现 RFID 的芯片版图会在一定程度上加大版图重构的难度。

3. RFID 系统安全识别与认证

RFID 系统的核心安全在于识别与认证，而其安全性取决于认证协议。在进行 RFID 系统的设计时，需要考虑采用合适的认证协议，常用的认证协议有 Hash 锁协议、随机 Hash 锁协议、Hash 链协议等，对于有多 RFID 并发认证需求的系统，还需考虑组认证协议。

1）Hash 锁协议的认证过程

在初始化阶段，每个标签有 ID 值，并指定一个随机 Key 值；计算 $metaID = Hash(Key)$，把 ID 和 metaID 存储在标签（Tag）中；后端数据中心（DB）存储每个标签的 Key、metaID 及 ID。

Hash 锁协议的优点是成本较低，仅需一个 Hash 方程和一个存储的 metaID 值，认证过程使用对真实 ID 加密后的 metaID；缺点是对密钥进行明文传输，且 metaID 是固定不变的，因此不利于防御信息跟踪。

2）随机 Hash 锁协议的认证过程

射频标签在收到阅读器的读写请求后，生成随机数 R，并计算 $H(\text{ID} \| R)$，其中 $\|$ 表示将 ID 和 R 进行连接。然后，将 $(R, H(\text{ID} \| R))$ 数据对送入后台数据库。数据库查询满足 $H(\text{ID}' \| R) = H(\text{ID} \| R)$ 的记录，若找到记录则将对应的 ID' 发往标签。标签比较 ID 与 ID' 是否相同，以确定是否解锁。

虽然随机 Hash 锁协议在认证过程中出现的随机信息避免了信息跟踪，但仍需要 ID 进行明文传输，因此易遭到窃听。

3）Hash 链协议的认证过程

Hash 链协议是基于共享秘密的"询问－应答"协议。在 Hash 链协议中，标签在每次认证过程中的密钥值不断更新，为避免跟踪，此协议采用动态刷新机制，实现方法主要是在标签中加入两个哈希函数模块。在发放标签之前，需要将标签的 ID 和 $S_{\text{L},1}$（$S_{\text{L},1}$ 是标签初始密钥值，每个标签的值都是不同的）存于后端数据库，并将 $S_{\text{L},1}$ 存于标签随机存储器中；后端数据库从阅读器处接收到标签输出的 $a_{\text{L},j}$，并且对数据库（ID；$S_{\text{L},1}$）列表中的每个 $S_{\text{L},1}$ 计算 $a_{\text{L},j}*$，检查 $a_{\text{L},j}$ 与 $a_{\text{L},j}*$ 是否相等；如果相等，则可以确定标签 ID。该方法具有不可分辨和前向的安全特性。G 是单向方程，攻击者即使能够获得标签输出 $a_{\text{L},j}$，也不能通过 $a_{\text{L},j}$ 获得 $S_{\text{L},1}$；G 输出的是随机值，攻击者即使能够观测到标签输出，也不能把 $a_{\text{L},j}$ 和 $a_{\text{L},j+1}$ 联系起来；另外，H 也是单向函数，即使攻击者能够篡改标签并获得标签的秘密值，也不能从 $S_{\text{L},j+1}$ 中获得 $S_{\text{L},j}$。因此，Hash 链协议对跟踪与窃听攻击有较好的防御能力。

Hash 链协议的缺点是容易受到重传和假冒攻击，且计算量大，不适于标签数目较多的情况。

4. RFID 系统的安全设计原则

设计 RFID 系统时，应遵循以下基本原则：

（1）根据 RFID 系统的应用环境、安全性需求，选择相应功能和性能的 RFID 标签与阅读器，设计相应的安全协议。

（2）在不能确知安全风险时，尽量选择安全性高的标签、阅读器及安全协议。

（3）对于安全性敏感的应用，应优先考虑安全性需求，再进行相匹配的经费预算。

4.5.2　传感网络安全设计

目前有关无线传感器网络的通用安全工具还较少，通常需根据具体应用的需求来设计具体的安全方案。

1. 传感器网络安全设计的需求评估

传感器网络通信的基本特征是不可靠、无连接、广播，且有大量冲突和延迟。此外，感知网经常部署于远程的无人值守环境，传感器结点的存储资源、计算资源、通信带宽和能量受限，因此，感知网面临的安全威胁问题更为突出。

传感器网络通常面临的攻击有分布式被动攻击、主动攻击、拒绝服务攻击、虫孔攻击、洪泛攻击、伪装攻击、重放攻击、信息操纵攻击、延迟攻击、Sybil 攻击、能耗攻击等。

不同应用的传感器网络的安全需求不同，其安全性需求一般可以通过可用性、机密性、完整性、抗抵赖性和数据新鲜度 5 个方面进行评估。

2. 传感器网络结点的安全设计

传感器网络结点的设计需要着重考虑入侵检测，设计符合面向物联网的 IDS 体系结构，结合基于"看门狗"的包监控技术，以抵抗发现攻击和发现污水池攻击等。

一般而言，安全 WSN（Wireless Sensor Network，无线传感器网络）的结点主要由数据采集单元、数据处理单元、数据传输单元组成。工作时，每个结点通过数据采集单元将周围环境的特定信号转换成电信号，然后将得到的电信号传输到数据处理单元的整形滤波电路和 A/D 转换电路进行数据处理，最后由数据传输单元将有用的信号以无线方式传输出去。

为保证结点的物理层安全，就需解决结点的身份认证和通信安全问题，以保证合法的各个结点间及基站和结点间能有效地互相通信，不被干扰或窃听，同时需要研究多信道问题，防范专门针对物理层的攻击。

为了保证传感器结点的安全，可以在传感器结点上引用一个安全存储模块（Security Storage Module，SSM）来安全地存储用于安全通信的机密信息，并对传感器结点上关键应用代码的合法性进行验证。SSM 可通过智能卡芯片来实现，智能卡具有简单的安全存储及验证功能，结构简单、价格低廉，因而不会为传感器结点的设计而增加太多成本，同时设计也比较方便。

传感器结点的通信加密、认证和秘钥交换应使用安全算法，目前，多使用 ECC（差错校验）算法。

3. 传感器结点认证

认证是物联网安全的核心，分为实体认证和信息认证。实体认证属于身份认证，为网络用户提供安全准入机制；信息认证主要确认信息源的合法身份及保证信息的完整性，防止非法结点发送、伪造和篡改信息。

传感器结点的实体认证主要分为基于对称秘钥密码的认证体制和基于公钥的认证体制两类。

4.5.3 感知层隐私保护

在物联网工程中，隐私泄露主要发生在智能感知层。例如，一个 RFID 标签号加长的广播范围容易被黑客或者恶意的第三方利用，进行用户不期望的读标签操作。从工程设计上，防止隐私泄露的方法主要有物理保护、逻辑保护和社会学保护。其中，社会学保护是指通过法律、管理、审计等手段进行隐私保护。下面主要讨论物理保护方法和逻辑保护方法。

1. 隐私的物理保护方法

由于物联网感知层的普遍性和终端性，隐私泄露的可能性极高，因此在感知层的隐私保护问题非常重要。最早用来处理终端隐私的方法是由 EPCglobal 公司提出的 EPCglobal 监督条形码到 RFID 的转换，可理解为"杀死"标签，即在标签受到恶意威胁的时候使其无法继续工作，从而使标签不被恶意的阅读器扫描。例如，在超市智能购物系统中，当消费者将所选商品通过结算通道并完成付款后，系统可以向这些商品的标签发送该命令，使标签完全失效。

此外，还有许多尝试通过外部设备来对感知终端进行保护的方法，这也是目前主要的物理保护方法，如法拉第笼、有源干扰设备、拦截器标签等。

2. 隐私的逻辑保护方法

逻辑保护主要通过密码学手段对隐私信息进行加密，从而保证隐私信息在非授权情形下不可被访问。除了安全识别认证之外，工程设计中常采用的方法还有混合网络、重加密机制、盲签名、零知识认证等。

4.6　网络系统的安全设计

4.6.1　接入认证设计

目前，接入认证可使用的方式有 PPP 认证、PPPoE 认证、Web Portal 认证、AAA 认证和 802.1x 认证等。

1. PPP 认证

PPP 认证是一种点到点的串行通信认证。PPP 具有处理错误检测、支持多个协议、允许在连接时刻协商 IP 地址及允许身份认证等功能。

PPP 网络连接是应用非常广泛的方式，很多家庭和中小型企业的互联网均使用该模式。在 PPP 接入环境中，客户端身份鉴别的对象可以是设备（或用户），使用设备数字证书/个人数字证书进行身份验证，只有被授权的设备（或用户）才能接入。

PPP 认证有 PAP 和 CHAP 两种子认证方式。

1）PAP 认证

PAP 是 PPP 中的基本认证协议，是普通的口令认证，要求将密钥信息在通信信道中明文传输。PAP 认证是通过两次握手实现的，这种认证方式没有对窃听、重放或重复尝试和错误攻击提供防御功能。

2）CHAP 认证

CHAP 认证在传输过程中不传输密码，取代密码的是 Hash（哈希值），并通过 3 次握手来实现认证。除了在拨号开始时（初始链路建立时）使用 CHAP 外，还可以在连接建立后的任何时刻使用 CHAP。

CHAP 认证的基本过程：认证者发送一个随机询问信息；接收方根据此询问信息和共享的密钥信息，使用单向 Hash 函数计算出响应值，然后发送给认证者；认证者进行相同的计算，验证计算结果与接收到的结果是否一致，结果一致则认证通过，否则认证失败。

CHAP 认证的密钥信息不需要在通信信道中发送，而且每次认证所交换的信息都不一样，因此可以有效地避免监听攻击。但是，CHAP 认证的密钥必须以明文信息进行保存，而且不能防止中间人攻击。CHAP 的安全性除了本地密钥的安全性外，还有网络上的安全性，主要在于询问信息的长度、随机性、单向 HASH 算法的可靠性。

2. PPPoE 认证

PPPoE 即在以太网上的 PPP 认证，它利用以太网，将大量主机组成网络通过一个远端接入设备连入 Internet，并对接入的每一个主机实现控制、计费功能。极高的性能价格比使 PP-PoE 得到了广泛采用。

通过 PPPoE 认证，服务提供商可以在以太网上实现 PPP 认证的主要功能，包括采用各种灵活的方式来管理用户。PPPoE 认证允许通过一个连接客户的简单以太网桥启动一个 PPP 对话。

1）PPPoE 认证的基本过程

PPPoE 的建立需要两个阶段，分别是搜寻阶段和点对点对话阶段。如果一台主机希望启动一个 PPPoE 对话，则必须先完成搜寻阶段，以确定对端的以太网 MAC 地址，并建立一个 PPPoE 的对话，供后面交换报文使用。

2）PPPoE 的缺点

（1）PPP 协议和以太网技术在本质上存在差异，PPP 协议需要被再次封装到以太帧中，所以效率很低。

（2）PPPoE 在发现阶段会产生大量的广播流量，对网络性能产生很大的影响。

（3）组播业务开展困难，而视频业务大部分是基于组播的。

（4）需要运营商提供客户终端软件，维护工作量过大。

3. Web Portal 认证

Web Portal 认证是基于业务类型的认证，无须安装其他客户端软件，只需浏览器即可完成认证。

1）Web Portal 认证的基本过程

首先，客户机通过 DHCP 获取 IP 地址（也可以使用静态 IP 地址）。但是，客户使用获取到的 IP 地址并不能连上 Internet，在认证通过前只能访问特定的 IP 地址，该地址通常是 Portal 服务器的 IP 地址。然后，用户登录 Portal Server，输入用户名和密码，由 Portal Server 与 NAS 之间交互来实现用户的认证。

Portal Server 在获得用户的用户名和密码时，还会得到用户的 IP 地址，以之为索引来标识用户。

2）Web Portal 认证的优点和缺点

Web Portal 认证的优点：不需要特殊的客户端软件，能降低网络维护工作量；可以提供 Portal 等业务认证。

Web Portal 认证的缺点：

（1）Web 承载在七层协议上，对设备的要求较高，建网成本高。

（2）用户连接性差，不容易检测到用户离线，基于时间的计费较难实现。

（3）易用性不够好。用户在访问网络前，无论是使用 Telnet、FTP，还是其他业务，都必须使用浏览器进行 Web 认证。

（4）由于 IP 地址的分配在用户认证前，因此若用户不是上网用户，则会造成地址的浪费，而且不便于多 ISP 的支持。

（5）认证前后的业务流和数据流无法区分。

4. AAA 认证

AAA 是认证（Authentication）、授权（Authorization）和计费（Accounting）的简称，是网络安全中进行访问控制的一种安全管理机制，提供认证、授权和计费 3 种安全服务。

AAA 一般采用 C/S 模式，这种模式结构简单、扩展性好，且便于集中管理用户信息，如图 4-14 所示。

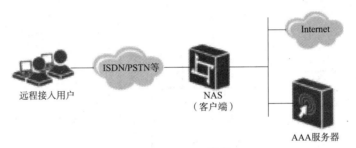

图 4-14   AAA 认证

在 AAA 服务器上实现认证、授权、计费应用的协议主要包括 RADIUS 和 TACACS + 协议（华为称 HWTACACS），Diameter 协议作为新的标准也在逐步推广使用。

AAA 是一种管理框架，可以采用多种协议来实现。在实践中，人们常使用远程访问拨号用户服务 RADIUS 来实现 AAA。RADIUS 是一种 C/S 结构的协议，它的客户端最初是 NAS（Net Access Server，网络接入服务器），任何运行 RADIUS 客户端软件的计算机都可以成为 RADIUS 的客户端。RADIUS 协议认证机制灵活，其基本交互步骤如图 4-15 所示。

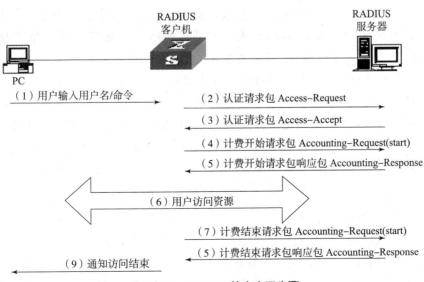

图 4-15   RADIUS 基本交互步骤

5. 802.1x 协议认证

802.1x 协议认证是基于 C/S 的访问控制认证，它可以限制未经授权的用户/设备通过接入端口访问 LAN/WLAN。

在获得交换机或 LAN 提供的各种业务前，802.1x 对连接到交换机端口上的用户/设备进行认证。在认证通过前，802.1x 只允许 EAPoL（基于局域网的扩展认证协议）数据通过设备连接的交换机端口；只有通过认证以后，正常的数据才可以顺利地通过以太网端口。

802.1x 协议的体系结构中包括三部分：Supplicant System（请求者系统）、Authenticator System（接入控制单元，即认证系统）和 Authentication Server System（认证服务器系统），如图 4 - 16 所示。

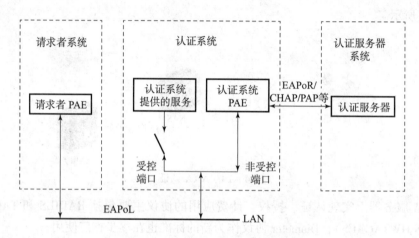

图 4 - 16　802.1x 协议的体系结构

请求者系统一般为用户终端设备，用户通过启动请求者系统软件发起 802.1x 协议认证，请求者系统软件必须支持 EAPOL（Extensible Authentication Protocol Over LAN，局域网上的可扩展认证协议）；认证系统是位于局域网一端的另一个实体，用于对所连接的请求者系统进行认证，认证系统通常为支持 802.1x 协议的物理端口，也可以是逻辑端口；认证服务器系统是为认证系统提供认证服务的实体，用于实现用户的认证、授权和计费，通常为 RADIUS 服务器。该体系结构涉及两个基本概念：PAE（Port Access Entity，端口访问实体）；受控端口。PAE 是认证机制中负责执行算法和协议操作的实体。受控端口是认证系统为请求者系统提供接入局域网的端口，这个端口被划分为两个虚拟端口：受控端口和非受控端口，非受控端口始终处于双向连通状态，主要用来传递 EAPOL 协议帧，可随时保证认证请求者发出或接收认证报文；受控端口只有在认证通过的状态下才打开，用于传递业务报文，在非授权状态下处于断开状态，禁止传递任何报文。受控端口和非受控端口是同一个物理端口的两个部分。

1）802.1x 协议认证的步骤

802.1x 协议认证的过程是用户与服务器交互的过程，其认证步骤如下。

（1）用户通过 802.1x 客户端软件发起请求，查询网络上能处理 EAPoL 数据包的设备。如果某台验证设备能处理 EAPoL 数据包，则向客户端发送响应包，并要求用户提供合法的身份标识，如用户名及其密码。

（2）客户端收到验证设备的响应后，提供身份标识给验证设备。由于此时客户端还未经过验证，因此认证流只能从验证设备未受控的逻辑端口经过。

（3）验证设备通过 EAP 协议将认证流转发到 AAA 服务器进行认证，如果认证通过，则打开认证系统的受控逻辑端口。

（4）客户端软件发起 DHCP 请求，经认证设备转到 DHCP 服务器。DHCP 服务器为用户分配 IP 地址。

（5）DHCP 服务器分配的地址信息返回认证系统，认证系统记录用户的相关信息，如 MAC、IP 地址等，并建立动态的 ACL 访问列表，以限制用户的权限。

（6）一旦认证设备检测到用户的上网流量，就会向认证服务器发送计费信息，并开始对用户进行计费；如果用户退出网络，则可以通过客户端软件发起退出过程，认证设备检测到该数据包后通知 AAA 服务器停止计费，并删除用户的相关信息（如物理地址和 IP 地址）、关闭受控逻辑端口。

（7）验证设备通过定期检测来保证链路的激活。如果用户异常死机，则验证设备在发起多次检测后，自动认为用户已经下线，就向认证服务器发送终止计费的信息。

2）802.1x 协议认证的特点

（1）所采用的协议为二层协议，不需要到达三层，对设备的整体性能要求不高，可有效降低建网成本。

（2）借用在 RAS 系统中常用的 EAP（扩展认证协议），可以提供良好的扩展性和适应性，以实现与传统 PPP 认证架构的兼容。

（3）采用"可控端口"和"不可控端口"的逻辑功能，能实现业务与认证的分离。由 RADIUS 和交换机利用不可控的逻辑端口共同完成对用户的认证与控制，业务报文直接承载在正常的二层报文上通过可控端口进行交换，通过认证后的数据包是无须封装的纯数据包。

（4）可以使用现有的后台认证系统来降低部署成本，有丰富的业务支持功能。

（5）可以映射不同的用户认证等级到不同的 VLAN，使交换端口和无线 LAN 具有安全的认证接入功能。

4.6.2　网络边界安全设计

1. 防火墙

网络边界防御需要添加一些安全设备来保护进入网络的每个访问，这些安全设备要么阻塞、要么筛选网络流量来限制网络活动，或者仅仅允许一些固定的网络地址在固定端口上通过网络边界，这些边界安全设备称为防火墙。防火墙阻止试图闯入网络的活动和对内部网络进行的扫描，防止外部进行拒绝服务攻击，禁止一定范围内黑客利用 Internet 探测用户内部网络的行为。防火墙的阻塞和筛选规则由网络管理员所在机构的安全策略来决定。

防火墙也可以用于保护在 Intranet 中的资源不受攻击。

2. DMZ

DMZ（Demilitarized Zone，即俗称的非军事区）能够把 Web 服务器、E-mail 服务器等允许外部访问的服务器单独接在该区端口，使整个需要保护的内部网络接在信任区端口后，不允许任何访问，实现内外网分离，达到用户需求。

DMZ可以理解为一个不同于外网或内网的特殊网络区域，DMZ内通常放置一些不含机密信息的公用服务器，如Web、FTP等。来自外网的访问者可以访问DMZ中的服务，但不可能访问到存放在内网中的机密信息等，即使DMZ的服务器受到破坏，也不会对内网中的机密信息造成影响。DMZ的网络结构如图4-17所示。

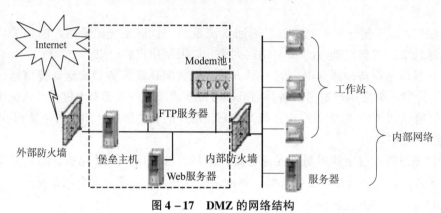

图4-17　DMZ的网络结构

3. ACL

访问控制列表（Access Control List，ACL）是路由器和交换机接口的指令列表，用于控制端口进出的数据包。

1）ACL的分类

ACL适用于所有路由协议，如IP、IPX等，目前主要有标准ACL、扩展ACL等，标准ACL使用1~99和1300~1999的数字作表号，扩展ACL使用100~199和2 000~2 699的数字作表号。

标准ACL可以阻止来自某一网络的所有通信流量，或允许来自某一特定网络的所有通信流量，以及拒绝某一协议簇（如IP）的所有通信流量。

扩展ACL比标准ACL提供更广泛的控制范围。例如，网络管理员如果希望做到"允许外来的Web通信流量通过，拒绝外来的FTP和Telnet等通信流量"，则可以使用扩展ACL来达到目的，而标准ACL不能控制得这么精确。

2）ACL的作用

（1）ACL可以限制网络流量、提高网络性能。例如，ACL可以根据数据包的协议来指定数据包的优先级。

（2）ACL提供对通信流量的控制手段。例如，ACL可以限定（或简化）路由更新信息的长度，从而限制通过路由器某一网段的通信流量。

（3）ACL是提供网络安全访问的基本手段。例如，ACL允许主机A访问人力资源网络，而拒绝主机B访问。

（4）ACL可以在路由器端口决定被转发或被阻塞的通信流量类型。例如，用户可以允许E-mail通信流量被路由，而拒绝所有Telnet通信流量。

4.7　物联网数据中心的安全设计

4.7.1　物联网数据中心的安全基础

1. 数据中心的安全层次

数据中心安全涵盖了绝大多数的信息安全领域，但是又有其特点。数据中心需要在不同层次上进行保护。

数据中心安全的内容已从原来的保密性和完整性扩展为信息的可用性、核查性、真实性、抗抵赖性及可靠性等范围，涉及计算机硬件系统、操作系统、应用程序及与应用程序相关联的计算机网络硬件设施和数据库系统等计算机网络体系的方方面面。数据中心安全包括三层——基础设施安全、数据中心运行安全、数据备份与容灾，如表 4-3 所示。

表 4-3　数据中心的安全层次

层次	主要内容
数据备份与容灾	灾备系统；数据自动诊断与修复
数据中心运行安全	网络安全（防火墙、IPS 等）；安全审计
基础设施安全	硬件设备安全（环境安全、网络设备安全）

基于云计算的物联网大数据中心方案是物联网数据中心的主流技术。云数据中心的主要安全问题的层次如表 4-4 所示，基于 VMware 的云数据中心网络连接示意如图 4-18 所示。

表 4-4　云数据中心的安全层次

层次	主要内容	作用
周边安全	周边安全设备；防火墙、VPN、入侵检测系统；负载均衡	将威胁隔绝在系统之外
内部安全	基于 VLAN 或者子网的策略；内部的或 Web 应用防火墙；DLP、以应用为标识依据的策略	隔离内部服务和应用
终端安全	桌面防病毒代理；基于主机的入侵检测；针对隐私数据的 DLP 代理	终端保护

1）周边安全存在的问题

（1）保护私有云和公有云。迁移到私有云（或公有云）中的企业需要扩展与物理数据中心相似的安全分层使用。

（2）VLAN 实现隔离。使用交换机（或防火墙）建立虚拟系统周边环境十分复杂、费用昂贵；混合信任主机会引起一些依从性问题。

（3）View 桌面用户。外部的负载均衡器和防火墙需要与 View 同时配置，增加了解决方案的成本。

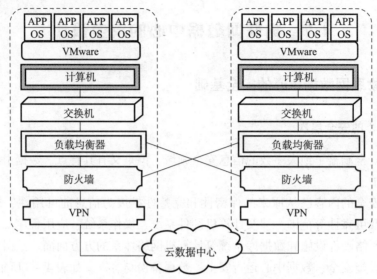

图 4 – 18   基于 VMware 的云数据中心网络连接示意

2) 内部安全存在的问题

(1) 虚拟机之间的数据流缺乏可见性。从系统安全管理员的角度看，服务器集群对于虚拟机之间的流量只有很少的可见性和有限的控制。

(2) 大量 VLAN 和网络复杂性。客户需要分割集群来创建不同的管辖范围或者应用集合，而通过创建 VLAN 来组织相似的应用非常复杂。大多数客户都有混合信任的主机，可能存在依从性问题。

3) 终端安全存在的问题

(1) 物理安全隐患导数信息泄露。终端暴露或终端设备被盗都会导致信息泄露。

(2) 轻量级终端加密强度太低导致安全隐患。轻量级终端通常只能进行简单的加密，终端易受病毒、木马感染。

2. 存储的访问控制

传统的访问控制有自主访问控制、强制访问控制、基于角色的访问控制，普遍使用的是基于角色的访问控制。

在数据中心，访问控制的对象是密文。上述访问控制模型通常用于未加密的数据，或者访问控制端是可信的。对于密文数据，则需要使用可能访问该数据的用户的公钥进行数据加密，这必将涉及大量加密运算，控制策略也将变得复杂。对此的解决思路是把访问控制和数据加密进行有机结合。例如，在加密时将访问控制策略融入密文，只有满足访问控制策略的用户才能正确解密。这就是密文策略的基于属性加密（CPABE）。

3. 云存储的数据保密性

为了保证数据的保密性，云存储端通常存储加密过的数据，对这些数据所能进行的操作只是将密文数据传输至客户端，由客户端解密后送回云服务器。因此数据必须在云和客户端之间来回传输，通信开销很大。同态加密则可以针对密文进行操作，在云服务器端就可以操作，从而大大减小开销，并保证安全性。

同态加密是指对两个密文进行操作，解密后得到的明文等同于两个原始明文完成操作的结果。全同态加密能够在没有解密密钥的条件下，对加密数据进行任意复杂的操作，以实现相应的明文操作。同态加密的这种性质还可以用于隐私保护的数据聚集，如智能电表中的数据收集、无线传感器网络中感知数据的聚集等。

4. 物联网数据中心的基础设施安全

数据中心基础设施安全包括高速带宽、服务器负载均衡、防火墙和虚拟化基础架构安全。高质量的网络连接是维持高质量数据中心的基本要素，为避免因计算机网络带宽的共享问题产生冲突而降低数据中心的功能和效率，应该为数据中心的管理者和使用者提供最大限度的带宽利用率。

单一的服务器不能满足数据中心日益增加的用户访问量、数据资源和信息资源。数据中心的应用系统采用三层结构，大量复杂的查询、重复的计算及动态超文本网页的生成都是通过服务器来实现的，而服务器的速度是数据中心数据处理速度的瓶颈。为了满足 ISP/ICP 的需求，提高数据中心服务器的访问性能，数据中心建设采用服务器负载均衡技术。

网络负载均衡器是一个非常重要的计算机网络产品，利用一个 IP 资源就可以根据用户的要求产生多个虚拟 IP 服务器，按照一定协议使它们协调一致地工作。不同的用户或者不同的访问请求可以访问不同的服务器，多台服务器可以同时工作，从而提高服务器的访问性能。当计算机"黑客"攻击某台服务器而导致该服务器的系统瘫痪时，负载均衡器和负载均衡技术会关闭与该系统的连接，将其访问分流到其他服务器上，从而保证数据中心能持续稳定地工作。

在传统 IT 架构下，数据中心被分隔为多个相互独立的安全区域，如基础网络区、数据存储区、数据服务区、应用服务区、局域网用户区、维护管理区等，不同的区域采用不同的安全策略，区域之间的访问被严格控制。数据存储区中的不同密级信息分开存储。数据服务区和应用服务区中的不同密级服务器分开设立。应用服务区可加装专用密码机等专用安全保密设备。维护管理区管理和控制安全保密设备。

在虚拟化物联网平台下，对区域的划分面临挑战。为了保证系统和数据的安全，需要关注以下几点：

（1）由于物理边界消失，因此为了保证安全，就需要有划分逻辑边界的有效手段。

（2）安全性与合规性保证技术要能够识别逻辑边界，根据业务或部门的不同，将虚拟机划分到相应的区域，并能为不同的逻辑分区应用不同的安全策略。

（3）当虚拟机的安全状况发生变化（如感染计算机病毒或合规性发生改变等）时，应该将虚拟机置于特定的隔离区域，以保证平台中其他系统的安全。

4.7.2 物联网数据中心的运行安全

1. 入侵检测

入侵检测是对入侵行为的检测。它通过收集和分析网络行为、安全日志、审计数据、其他网络上可以获得的信息以及计算机系统中若干关键点的信息，检查网络或系统中是否存在违反安全策略的行为和被攻击的迹象。

入侵检测作为一种积极主动的安全防护技术，提供了对内部攻击、外部攻击和误操作的实时保护，能够在不影响网络性能的情况下对网络进行监测，在网络系统受到危害之前拦截入侵，因此被认为是防火墙之后的第二道安全闸门。

入侵检测通过执行以下任务来实现：监视、分析用户及系统活动；审计系统构造和弱点；识别和反映已知进攻的活动模式并向相关人员报警；统计分析异常行为模式；评估重要系统和数据文件的完整性；审计、跟踪、管理操作系统，并识别用户违反安全策略的行为。

入侵检测是对防火墙的合理补充，帮助系统应对网络攻击，能扩展系统管理员的安全管理能力（包括安全审计、监视、进攻识别和响应），从而提高信息安全基础结构的完整性。

一个成功的入侵检测系统不但可以使系统管理员随时了解网络系统（包括程序、文件和硬件设备等）的任何变更，还能为网络安全策略的制订提供指南。更为重要的一点是，它的管理与配置应该简单，非专业人员也能非常容易地获得网络安全。而且，入侵检测的规模还应根据网络威胁、系统构造、安全需求的改变而改变。

2. 数据中心安全审计

数据安全审计的作用是审计和检查危害数据中心的操作和数据。数据安全审计系统是数据中心中独立的应用系统，主要针对数据中心内部的各种安全隐患和业务风险，根据既定的设计规则对数据中心系统运行的各种操作和数据进行跟踪记录，一般采用误用检测技术、异常检测技术及数据挖掘技术审计来检测数据中心的安全漏洞和安全漏洞被利用的方式。

3. 数据隔离与恢复

数据隔离与恢复的主要目的是将隐患或者不安全的数据和操作移出数据中心，以保证数据中心的运行安全。当发现数据中心存在隐患或者不安全的数据和操作时，必须进行数据隔离，禁止用户对相关数据的请求。

隔离技术包括物理隔离技术和软件隔离技术。

4. 数据中心的运行安全

云服务用户面临的问题是如何更好地评估云服务提供商是否有能力提供正确、安全、有成本效益的服务，同时又能保证用户的数据安全和利益。有些云服务架构可能对用户的数据完整性和安全性采取相对自主的做法，这时用户需要有意识地、主动地熟悉基础架构和可能出现安全漏洞的地方，如了解云服务提供商如何实现云计算的关键特征，以及其技术架构和基础设施是否影响满足服务水平协议和解决安全问题的能力。

4.7.3 数据备份与容灾

1. 数据备份

数据备份是指为防止系统出现硬件故障、软件错误、人为误操作等造成数据丢失，而将全部或部分原数据集合复制到其他存储介质中。

2. 数据容灾

物联网的数据量较大，为了防止由于各种灾难造成物联网系统的数据损失，在系统工程中经常考虑数据容灾，以便灾难发生后可以有效恢复数据。衡量恢复工程的指标有 RTP 和 RPO。

（1）RTP：灾难发生后，从系统宕机导致业务停顿到系统恢复至可以支持各部门运作、业务恢复运行之间的时间。

（2）RPO：对系统和应用数据而言，要实现恢复至可以支持各部门业务运作，系统及生产数据应至少回溯到的更新状态，如上一周的备份数据或上一次交易的实时数据。

4.8　机房工程设计

4.8.1　电源系统设计

电源系统是由整流设备、直流配电设备、蓄电池组、直流变换器及机架电源设备等和相关的配电线路组成的总体。

电源系统为各种电动机提供高/低频交流、直流电源，维护电动机系统的平稳运行，是信息系统基础设施中的关键环节，一旦系统断电，将导致不可估量的损失。

UPS 即不间断电源系统，它以蓄电池组为逆变电源，通过内部的直流逆变器转换为交流电，通过电源双切换装置，在断电后数毫秒内迅速切换，达到不间断供电的目的。

电源系统设计要遵循安全可靠、技术先进、经济合理的原则。

4.8.2　制冷系统设计

机房主要有计算机设备、存储设备、网络设备、电源设备等，这些设备安装在机柜中，其热量及空调冷风传播通道示意如图 4 – 19 所示。

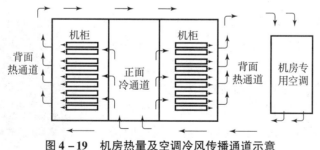

图 4 – 19　机房热量及空调冷风传播通道示意

1. 制冷系统的概念与分类

利用外界能量使热量从温度较高的物质（或环境）转移到温度较低的物质（或环境）的系统称为制冷系统。制冷系统可分为蒸气制冷系统、空气制冷系统和热电制冷系统等。其中，蒸气制冷系统又可分为蒸气压缩式制冷系统、蒸气吸收式制冷系统、蒸气喷射式制冷系统。

2. 制冷系统的组成

在制冷系统中，蒸发器、冷凝器、压缩机和节流阀是制冷系统中必不可少的 4 大件。

（1）蒸发器是输送冷量的设备。制冷剂在蒸发器中吸收被冷却物体的热量来实现制冷。

（2）压缩机是心脏，起着吸入、压缩及输送制冷剂蒸气的作用。

（3）冷凝器是释放热量的设备，将蒸发器中吸收的热量连同压缩机转化的热量一起传递给冷却介质。

（4）节流阀对制冷剂起节流降压作用，同时控制和调节流入蒸发器中的制冷剂液体的量，并将系统分为高压侧和低压侧两大部分。

在实际制冷系统中，除上述 4 大件之外，常常还有一些辅助设备，如电磁阀、分配器、干燥器、集热器、易熔塞、压力控制器等部件，这些部件是为了提高制冷系统运行的经济性、可靠性、安全性而设置的。

4.8.3 消防系统设计

1. 消防系统的组成

基本的机房消防系统包括火灾自动报警系统和灭火器系统等。

1）火灾自动报警系统

火灾自动报警系统是由触发装置、火灾报警装置、联动输出装置和具有其他辅助功能的装置组成的，它能在火灾初期将燃烧产生的烟雾、热量、火焰等物理量，通过火灾探测器转换成电信号传输到火灾报警控制器，同时以声或光的形式通知整个楼层疏散，并以控制器记录火灾发生的部位、时间等，使人们能够及时发现火灾，采取有效措施扑灭初期火灾，最大限度地减少因火灾造成的生命和财产的损失。

火灾自动报警系统具有备用电池，可在断电情况下工作。

2）灭火器系统

灭火器系统主要指气体灭火系统。CO_2 气体灭火系统如图 4-20 所示。在气体灭火系统中，灭火剂平时以液体、液化气体或气体状态存储于压力容器内，灭火时则以气体（包括蒸气、气雾）状态喷射作为灭火介质。

气体灭火系统能在防护区空间内形成各方向均一的气体浓度，至少能保持该灭火浓度达到规范规定的浸渍时间，从而扑灭防护区的火灾。

气体灭火系统由储存容器、容器阀、选择阀、液体单向阀、喷嘴、阀驱动装置等组成。

图 4-20 CO_2 气体灭火系统

2. 消防系统的设计原则

根据工程的配置情况计算出所需容量空间，选定系统后再选择机箱来进行组装。存放气体钢瓶组的房间（钢瓶室）应是一个独立的房间，设在各个保护区域外，并设置直接通向疏散通道的出口和可关闭的门。

气体灭火系统的控制应同时具有自动控制、电气手动控制、应急机械手动控制 3 种控制方式。

4.8.4 监控与报警系统设计

安全防范监控平台是随信息化建设应运而生的产品，是安全防范与计算机网络技术、多媒体信息技术、自动化技术相结合的完美体现。

在进行系统建设时，采用系统工程的观点对机房的现场环境、服务需求、设备内容、管理模式 4 个基本要素及它们的内在联系进行优化组合，从而提供一套稳定可靠、投资合理、高效先进、易于扩充的安防联网监控平台。

1. 主要监控内容

监控系统用于对机房进行安全防范集中监控，主要对机房内的配电、配电开关、UPS、漏水、视频（防盗）、消防等系统实现现场监控，以保障机房现场安全、提高基础设施的可用性。

2. 监控系统的设计要求

在设计监控系统时，应满足"今后联网、整体升级"的需要，保证日后升级时节省投资、避免重复建设，因此方案的设计必须预留足够的接口以便今后扩展，最终形成一个综合联网管理平台。

3. 监控系统的使用要求

（1）所建立的综合联网监控系统充分满足数据资源共享、行政策略统一调度的要求，配合安保部门对系统使用的特殊要求，为加强管理提供有效、直接、快速的管理工具，方便管理人员全面了解机房现场设备和环境状况，从容应对突发情况，提升管理强度。

（2）系统同时支持 C/S、B/S 方式，管理人员可以方便地通过服务器查看机房现场情况，各个部门管理人员在经过授权许可后，也可以通过网络远程查看机房现场的安全防范情况。系统还需为加强管理提供有效、直接、快速的管理工具，如报警功能（短信报警、声光报警）、日志查询等工具。

4. 监控系统的典型功能

1）机房动力监控

（1）UPS 设备监控：监控 UPS 的输入是否掉电，输出是否正常。

（2）供配电设备监控：监控电量仪、配电开关、防雷器等。

2）机房环境监控

机房环境监控包括温/湿度监控、漏水（监测空调四周漏水情况）监控，以及机房场地安全监控，如视频监控（根据机房大小确定需多少路视频）、消防监控（连接消防控制箱干接点信号）等。

项目实施

将物联网数据中心与物联网安全设计方案编写成规范的文档，供实施、运维与管理人员使用。

下面给出一个提纲，可将其作为模板参考。

1. 计算机、服务器、存储设备选型
2. 物联网安全设计要求
3. 感知与识别系统安全设计
4. 网络系统安全设计
5. 数据中心安全设计
6. 典型机房工程设计
7. 物联网安全管理设计
8. 注释和说明

参考以上提纲内容，编写数据中心与物联网安全设计文档。其中，必须完成的内容有：计算机、服务器、存储设备选型；物联网安全设计要求；感知与识别系统安全设计；网络系统安全设计；数据中心安全设计；典型机房工程设计。

项目5 物联网应用软件设计

物联网应用软件设计是指根据物联网工程设计出合理的、符合需求的应用软件部署方案，绘出系统功能模块图，并选择合理的软件开发平台。

1. 任务要求

以某个智能园区为整体项目名称，设计物联网应用软件设计方案，包括架构设计和设计方法的选择（选择软件平台），并编写规范的文档。

2. 任务指标

（1）智能园区的应用软件功能设计。

（2）智能园区的应用软件设计：软件设计方法的选择；软件平台和工具的选择；硬件工具选择。

（3）智能园区应用软件的部署：在不同结点（至少包括末梢终端、服务器端）的部署情况。

（4）编写物联网应用软件设计文档。

3. 重点内容

（1）掌握软件设计过程和计划安排。

（2）熟悉软件设计的方法。

（3）掌握软件设计文档的编写方法。

4. 关键术语

架构：以组件与组件之间的关系、组件与环境之间的关系为内容的某一系统的基本组织结构，以及指导上述内容设计与演化的原理。

5.1 物联网应用软件的特点

物联网应用软件除了具有一般软件的特点之外，还具有一些自身独有的特点。

1. 交互广泛

传统的互联网软件通常是一对一的交互，但物联网软件通常表现为一对多、多对多的交互。因此，软件的设计应该充分考虑和处理交互性引起的操作并发性、数据相关性、资源冲突性所导致的错误或效率低下问题。

2. 测试困难

大量物联网软件运行在智能化物品或卫星电子设备中，没有直观的人机交互界面，不能直观地观察程序运行结果。软件的运行与客观世界相关联，有的还要控制客观对象的行为，不能轻易进行测试运行。

3. 能效敏感

物联网系统中的大量设备依靠电池供电，对能效非常敏感，因此相关软件应该设法降低能耗，尽可能保持休眠状态。

4. 实时传输

物联网系统的信息获取、反馈控制等操作大多受到非常严格的时间限制，实时性要求很高，因此相关软件应具有很高的运行速度、很准确的时间控制，以满足时限要求。

5. 批量微型

大量应用系统要求每次传输的数据量很小，可能只有几字节，但传输频率可能很高，因此这类应用的协议及软件应具有针对性和高效率。

6. 数据海量

随着时间的推移，整个系统的数据呈现海量特性，要求软件具有处理海量数据的能力和健壮性。

7. 施控忠实

物联网系统对客观世界的施控要忠实体现设计意图，不能出现偏差或错误，对应的软件需保证正确性、鲁棒性。

8. 暴露隐私

物联网中的大量物品和设备都暴露在公开场合，其隐私性和安全性受到极大挑战，软件系统需充分处理隐私保护问题。

物联网应用软件的这些特点使其设计与传统的基于主机的应用软件设计存在一些不同的关注点和方法。

5.2　物联网应用软件的架构设计

物联网应用软件通常是一个大系统，而大系统通常非常复杂，需要有良好的设计方法才能保证设计的正确性、有效性、可延续性。

IEEE 对架构的定义是：架构是以组件与组件之间的关系、组件与环境之间的关系为内容的某一系统的基本组织结构，以及指导上述内容设计与演化的原理。

因此软件架构所探讨的主要内容有：

（1）软件系统的组织。

（2）选择组成系统的结构元素及这些元素之间的接口，以及它们相互协作时所体现的行为。

（3）组合这些元素使其成为更大的子系统的方法。

（4）用于指导系统组织的架构风格，如元素及其接口的协作和组合方式。

（5）软件的功能、性能、弹性、可理解性、经济与技术的限制与权衡、美学（艺术性）等。

5.2.1　架构设计视图

架构设计视图是对从某一视角看到的系统所做的简化描述，描述中涵盖了系统的某些特定方面，而忽略了与此方面无关的实体。最常用的架构设计视图是逻辑架构视图和物理架构视图。

1. 逻辑架构视图

软件的逻辑架构视图规定组成软件系统的逻辑元素及元素之间的关系。通常来说，组成软件的逻辑元素可以是逻辑层、功能子系统、模块。

设计逻辑架构的核心任务是全面识别模块、规划接口，并基于此模块之间的调用关系和调用机制进行设计。因此，逻辑架构视图主要是"模块＋接口"。

2. 物理架构视图

软件的物理架构视图规定了组成软件系统的物理元素、物理元素之间的关系，以及它们部署到硬件上的策略，反映了软件系统动态运行时的组织情况。

物理元素是进程、线程，以及类运行时的实例对象，进程调度、线程同步、进程或线程通信反映了物理架构的动态行为。物理架构还需要说明数据是如何产生、存储、共享和复制的，因此，物理元素主要包括以下部分。

（1）物理层：客户端层、Web 层、业务层、企业信息层。

（2）并发控制单元：进程、线程。

（3）运行实体：组件、对象（类的实例化）、消息。

（4）数据：持久化数据、共享数据、传输数据。

5.2.2　架构设计

1. 架构设计的原则

软件架构设计应遵循透彻了解系统需求、正确建立概念架构、全面设计架构要素的基本原则。

1）透彻了解系统需求

这是设计架构的前提和基础——需求决定概念架构。因此，不但要把需求全面地罗列出来，还要找出需求之间的矛盾和关联。

2）正确建立概念架构

只要架构基本正确，整个系统就不会偏离预计的方向。概念结构基本确定了系统与系统之间的差异，体现了其独特性。

3）全面设计架构要素

对架构的每一部分都要进行设计，并进行验证。应使用多视图设计方法，从多方面进行架构设计。例如，针对性能、可用性方面的需求，应进行并行、分时、排队、缓存、批处理等方法的策略设计；针对可扩展性、可重用性方面的需求，应进行代码文件组织、变化隔离、框架应用等方面的策略设计。系统越复杂，就越需要进行分解，以便对每个方面进行周全的设计。

架构设计的原则与过程如图 5 – 1 所示。

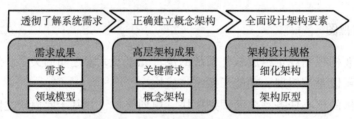

图 5 – 1　架构设计的原则与过程

2. 架构设计的步骤

架构设计一般可分为 6 个步骤，如图 5 – 2 所示。

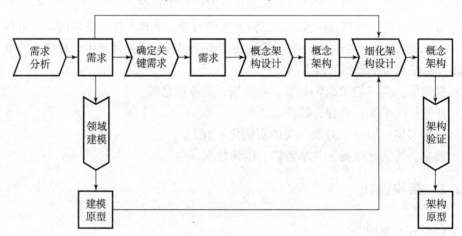

图 5 – 2　架构设计的 6 个步骤

（1）需求分析：全面、透彻地了解需求，找出需求之间的关系。

（2）领域建模：找出本质性的领域概念及其关系，建立问题模型。

（3）确定关键需求：找出关键的需求子集。

（4）概念架构设计：同时考虑共建功能和关键质量，进行顶级子系统的划分、架构风格选型、开发技术选型、集成技术选型、二次开发技术选型。

（5）细化架构设计：分别从逻辑架构、开发架构、运行架构、物理架构、数据架构等不同的架构视图进行设计。

（6）架构验证：一般开发一个框架来进行验证。

5.2.3　领域建模

领域建模是将领域概念以可视化的方式抽象成一个（或一套）模型，其目的是提炼领域概念，建立领域模型。领域建模的原则：业务决定功能，功能决定模型。

领域建模的输入是功能和可扩展性需求，输出是领域模型。

领域建模在软件设计中的作用示意如图 5 - 3 所示。

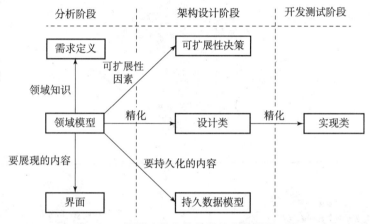

图 5 - 3　领域建模在软件设计中的作用示意

在分析阶段，通过领域模型可以获取需求定义和界面的内容；在架构设计阶段，通过领域模型精化出具体的设计类，以获取可扩展性决策和持久数据模型；在开发测试阶段，通过对设计类的精化，得出具体的实现类。

5.2.4　概念架构设计

概念架构规定系统的高层组件及其相互关系，即"架构 = 组件 + 交互"。其中，组件指高层组件，对其功能进行笼统定义；交互定义组件之间的关系，不定义接口细节。概念架构旨在对系统进行适当分解，不涉及细节。

概念架构的任务是划分顶级子系统架构风格选型、开发技术选型、二次开发技术选型、集成技术选型。集成技术选型确定是否需要通用的系统集成，是否设计成一体化系统。如果需要系统集成，则需确定选择哪种集成平台和技术。

5.2.5　细化架构设计

细化架构设计需要解决的问题很多，如划分子系统、定义接口、设计进程与线程、服务器选型，确定逻辑和物理层等。面对众多的任务，需要一个有效的设计方法，五视图法是一种可用的选择。

五种视图分别从不同角度规划系统的划分、交互及主要成果，方法及其关注点示意如图 5 - 4 所示。

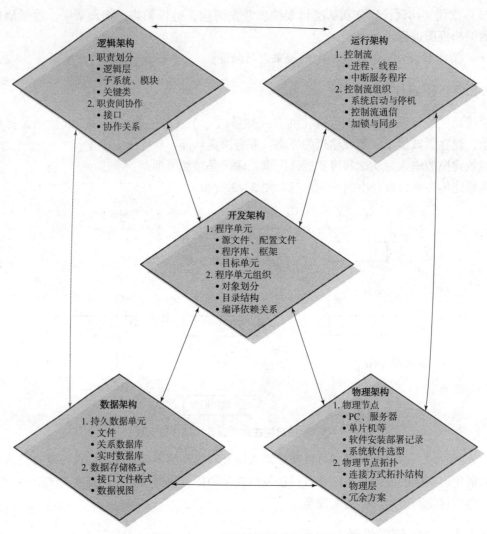

图 5 - 4　五视图法及其关注点示意

1. 逻辑架构设计

（1）主要目标：定义职责，确定职责之间的协作关系。

（2）设计任务：进行模块划分，完成接口定义，确定领域模型。

2. 物理架构设计

（1）主要目标：定义物理结点，确定物理结点之间的拓扑连接关系。

（2）设计任务：确定硬件分布和软件部署方案，进行方案优化。

3. 数据架构设计

（1）主要目标：定义数据单元，确定其关系及数据存储格式。

（2）设计任务：进行技术选型，定义存储格式，设计数据分布。

4. 开发架构设计

（1）主要目标：定义程序单元，确定其关系并编译依赖关系。
（2）设计任务：进行开发技术选型和文件划分，确定编译依赖关系。

5. 运行架构设计

（1）主要目标：定义控制流，确定同步关系。
（2）设计任务：进行运行技术选型，定义控制流，确定同步关系。

5.2.6 架构验证

架构设计是软件设计中非常重要的环节，架构是否合理直接影响软件系统是否成功，因此，对架构进行验证和评估是一项必要的工作。

验证架构的方法主要有原型法和框架法。

1. 原型法

原型法的基本思想是对所关心的问题和技术进行有限度的试验，而不是完整实现。通过试验，借以确定预计的风险是否存在、是否找到解决风险的方案、项目是否沿着预定计划进行。

2. 框架法

框架法的基本思想是将架构设计方案以框架的形式实现，并在此基础上进行评估、验证。框架是一个与具体应用无关的通用机制及通用组件，可以支持多种版本的开发，因此应有选择地实现一些应用功能。

5.3 模块划分

模块划分是架构设计的细化工作，是从功能层面给出的架构。

5.3.1 功能模块划分

划分功能模块时，最常用的方法是功能树，即将功能大类、功能组、功能项的关系以树形进行表示。功能树是一种功能分解结构，不是简单的功能模块图，所刻画的是问题领域。

如图5-5所示是功能树的一个例子，描述的是呼叫中心系统的功能，这个系统分为自动服务、人工服务、其他服务三个一级功能模块，每个一级功能模块下面需要细分具体的二级模块和三级模块。图5-6是功能树的常见表示方式，描述的是设备管理系统中设计的主要功能，中间层为概括出的总体功能，下一层是对总体功能的细化。功能树中的功能是粗粒度的。

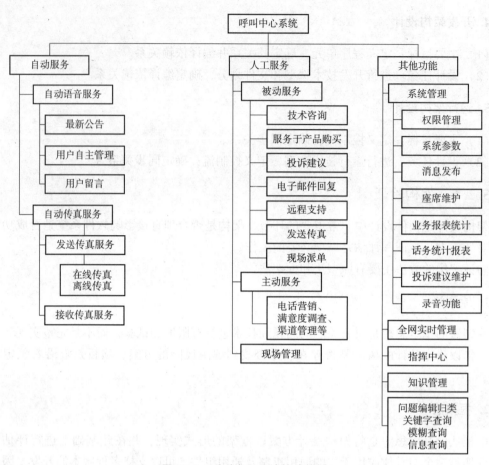

图 5 – 5　呼叫中心系统的功能树

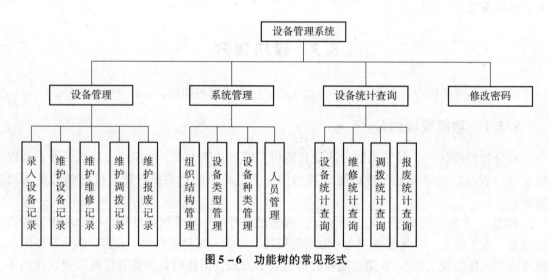

图 5 – 6　功能树的常见形式

5.3.2　功能分层

分层架构设计是表达架构设计的一种良好形式。

1. 三层架构

一个软件系统可分为表示层、业务层、数据层。

（1）表示层：显示数据，接受用户输入，为用户提供交互操作的界面。

（2）业务层：又称业务逻辑层，用于处理各种功能请求，实现系统的业务功能。

（3）数据层：又称数据访问层，用于与数据存储交互，包括访问数据库等。

2. 四层架构

四层架构也是常见的一种层次划分方法，包括用户界面（UI）层、系统交互（SI）层、问题领域（PD）层和数据管理（DM）层。

（1）UI 层：封装与用户的双向交互。

（2）SI 层：封装与硬件、外部系统的交互。

（3）PD 层：对问题领域或业务领域的抽象及领域功能的实现。

（4）DM 层：封装各种持久化数据的具体管理方式，包括数据库、数据文件等。

确定每个层次包括那些功能模块，并用一种直观的形式展现出来，是架构设计的结果之一。

5.4　物联网应用软件的设计方法

5.4.1　嵌入式软件的设计方法

物联网需要实现物物互联，而嵌入式技术与系统是实现物物互联的重要基础之一。嵌入式软件的微型化、信息化、网络化及可视化等特征，使其开发明显不同于 PC 上的软件开发。嵌入式软件需要在一个开发平台上而不是实际运行平台上进行开发，需要在虚拟机上进行调试和测试。

1. 软件开发平台

常用的软件开发平台有以下几种：

1）ARM SDT

ARM SDT 是 ARM 公司为方便用户在 ARM 芯片上进行应用软件开发而推出的一套集成开发工具，可在 Windows 95/98/NT、Solaris 2.5/2.6 和 HP-UX 10 上运行，支持最高到 ARM 9的所有处理器。

2）ARM ADS

ARM ADS 是 ARM 公司推出的新一代 ARM 集成开发工具，用来取代 ARM SDT，对 SDT 的模块进行了增强，并替换了 SDT 的一些组件。ADS 使用 CodeWarrior IDE 集成开发环境代替 APM，使用 AXD 替换 ADW。

ARM ADS 支持 ARM 7、ARM 9、ARM 9E、ARM 10、StrongARM 和 XScale 系列处理器。除了 SDT 支持的操作系统外，ARM ADS 还可以在 Windows 2000/XP 及更新的 Windows 版本、

RedHat Linux 上运行。

3）GNU GCC 编译器

利用 Linux 操作系统下的自由软件 GNU GCC 编译器，不仅可以编译 Linux 操作系统下运行的应用程序和 Linux 本身，而且可以进行交叉编译，即可以编译运行于其他 CPU 上的程序。

4）用于嵌入式芯片的操作系统

可用于嵌入式芯片的操作系统主要有：

（1）Linux：Linux 是开源系统，可以进行裁剪，具有较大的灵活性，但开发难度较大，且工具较少。

（2）VxWorks：其以实时性强著称。

（3）Windows CE：这是基于 Windows 95/98 的嵌入式操作系统，具有 Windows 操作系统的 GUI，辅助工具较丰富，但占用内存较多。

2. 硬件开发工具

常用的硬件开发工具有以下几种：

1）JEENI 仿真器

JEENI 仿真器是美国 EPI 公司生产的专门用于调试 ARM 7 系列的开发工具。它通过以太网口（或串口）与 PC 连接，通过 JTAG 口与 ARM7 目标板连接，使用独立电源。

JEENI 仿真器支持 ARM/THUMB 指令，支持汇编/高级语言调试。用户应用程序通过 JEENI 仿真器下载到目标 RAM 中。通过 JEENI 仿真器，用户可以观察/修改 ARM 7 寄存器和存储器的内容、在所下载的程序上设置断点、以汇编/高级语言单步执行程序或全速运行程序，也可以观察高级语言变量的数据结构及内容，并对变量的内容实施在线修改。

JEENI 仿真器的内部使用一片带有高速缓存的 ARM 处理器，支持对调试操作的快速响应，如读写存储器、读写寄存器、下载应用程序到目标板。JEENI 仿真器的这种结构允许以太网接口在处理器执行 JTAG 指令的同时访问存储器，从而能极大地提高下载速度。

2）Multi-ICE

Multi-ICE 是 ARM 公司的 JTAG 在线仿真器。

Multi-ICE 的 JTAG 链时钟可以设置为 5 kHz ~ 10 MHz，JTAG 操作的一些简单逻辑由 FPGA 实现，使并行口的通信量最小化，以提高系统的性能。Multi-ICE 硬件支持低至 1 V 的电压。Multi-ICE 2.1 及更新的版本还可以外部供电，而不需要消耗目标系统的电源，这对调试类似手机等便携式、以电池供电的设备是很重要的。

Multi-ICE 2.× 支持 ARM 公司的实时调试工具 MultiTrace。MultiTrace 包含一个处理器，可以跟踪触发点前后的轨迹，并且可以在不终止后台任务的同时对前台任务进行调试，在微处理器运行时改变存储器的内容，使延时降到最低。

Multi-ICE 2.× 支持 ARM 7、ARM 9、ARM 9E、ARM 10 和 Intel Xscale 微结构系列。它通过 TAP 控制器串联，提供多个 ARM 处理器及混合结构芯片的片上调试。它还支持低频或变频设计及超低压核的调试，并且支持实时调试。

Multi-ICE 的优点：下载和单步速度快；有用户控制的输入/输出位；可编程的 JTAG 位

传输速率；开放的接口，允许调试非 ARM 的核或 DSP；网络连接到多个调试器；目标板供电，或外接电源。

3. 基于虚拟机的调试与测试

开发在 PC 机上运行的软件，可以在编程过程中随时调试运行，观察运行结果，判断程序的正确性。嵌入式系统的软件一般在 PC 机上编程，但在嵌入式芯片上运行，所以不能简单地像 PC 机上的程序一样随时调试。为了便于调试，一般在 PC 上安装虚拟机，仿真一个嵌入式运行环境进行测试和观察运行结果。现在广泛使用的虚拟机软件是 VMware Workstation。

5.4.2　分布式程序设计

1. 分布式计算模型

物联网系统及物联网软件是以 Internet 为基础的分布式系统，其计算模型是 C/S 模型或 B/S 模型。C/S 模型的原理如图 5 - 7 所示。

客户机向服务器发送指令，服务器返回处理结果。客户机和服务器是相对概念，并不绝对指系统中的服务器。例如，传感网中的数据汇聚结点（客户机）向传感器发送指令，要求传感器传出所感知的数据，此时传感器是服务器，汇聚结点是客户机。

图 5 - 7　C/S 模型的原理

C/S 可以递归进行，直到指令到达最终服务器，此时中间结点对于上游结点而言是服务器，对于下游结点是客户机。

B/S 是 C/S 的一种特定形式，指客户机端使用浏览器，所请求的一般是页面。在网络中使用 C/S 模型需要利用并遵循网络的相关传输协议。

2. 分布式程序架构

分布式程序至少包含两个相对独立的程序，分别运行在不同的硬件设备上。在 RFID 系统中，运行在标签中的程序、运行在阅读器中的程序、计算机上的数据存储与处理程序共同构成了 RFID 应用系统。在编写分布式程序时，需要分别编写和编译每个程序，并部署到对应的硬件设备上。

为保证系统协同工作，根据角色的不同，充当服务器的设备上的程序应具有监听功能，即不间断（或周期性地）监听来自客户机的请求，并做出响应，类似事件响应程序。

为实现分布式系统的功能，就需要提供通信功能。发送者需要使用 send( ) 原语发送指令，接收者需要使用 receive( ) 原语接收信息。

在 Internet 中，所有发送和接收功能均使用数据包传递实现，一般使用标准的 TCP/IP。但是对于传感器网等特定的系统，很多设备都是资源受限型，即只有少量的内存空间和有限的计算能力，所以传统的 HTTP 协议应用在物联网上就显得过于庞大而不适用，因此一般采用 CoAP 协议。

3. 分布式程序设计方法

在物联网中，分布式程序设计方法主要有基于 B/S 的设计方法和基于 MPI 的设计方法。

1）基于 B/S 的设计方法

基于 B/S 的设计方法需要分别设计服务器端程序和客户端的网页程序，主要的设计工具有 . NET 平台和 J2EE 平台，各自都包含语言、编译及编译工具。基于 B/S 的物联网软件并不一定使用 HTTP、TCP 等传统的 Internet 协议，在很多应用中会使用 CoAP 协议，运行效果更好。

2）MPI

MPI 是一种消息传递接口标准，本身并不是一种程序设计语言，而是在程序设计语言（C、C＋＋等）及编译中调用的函数库。MPI 的目的是实现并行处理，可以用在分布式软件的编程。MPI 库中含有大量 API 函数，可以实现信息的接收和发送等功能。

5.5　物联网应用部署

物联网应用软件的部署范围包含末梢终端、服务器、云端等设备。

5.5.1　在末梢终端上的部署

末梢终端上的软件大多数采用 C/C＋语言编写，这类软件通常在专用开发平台上写入终端设备，因此其部署方式比较单一，运行时一般直接执行相应程序即可（常称为绿色程序），基本没有特殊的关联环境要求。

末梢终端上的软件也涉及升级问题，因此此类软件应有一个升级模块，将周期性检查开发商服务器或后端上的升级信息，及时进行升级。

5.5.2　在服务器上的部署

服务器或 PC 上的应用部署具有一定的相似性。

在服务器上部署应用程序通常比较复杂，使用 IDE 集成开发工具进行编程和调试，所生成的应用程序离开开发环境后不能独立运行（称为非绿色程序）。因此，需对应用软件制定特定的安装程序。这既可能是一个单一的执行程序，包括所有应用功能程序和运行函数库，并具有设置运行环境和生成配置参数文件的功能；也可能是一组程序，包含一个主程序、一组辅助程序、数据文件等。

通过运行安装程序，可以自动将应用软件部署到服务器上，并将之设置为可运行状态。

对于客户机，如果应用软件是基于桌面应用格式的，则其部署与服务器上的软件部署类似，但在软件升级时，所有客户机需要进行升级操作。因此，很多软件设计成 Web 形式，客户机无须进行任何升级操作，只需要对服务器上的单一副本进行升级。

5.5.3　基于云计算的应用部署

云计算的特点之一是将资源封装为服务，用户按需租用服务。对于物联网应用软件而言，主要是 PaaS 和 SaaS 两种情况的软件部署问题。

PaaS 和 SaaS 的基础是虚拟化，即将集群计算机虚拟化为多台计算机，用户在虚拟计算机上部署应用软件。云服务提供商提供的软件与用户部署的软件一样，也在虚拟机上部署。

为适应应用软件的运行要求，需选用不同类型的虚拟机，并在虚拟机上安装所需的客体操作系统。典型的虚拟机软件及其部署条件如表 5 - 1 所示。虚拟机软件可以让一部分主体操作系统（主体 OS）建立与执行一个（或多个）虚拟化环境（客体 OS）。

表 5 -1   典型虚拟机软件及其部署条件

虚拟机软件	主体 CPU	主体 OS	客体 OS
VMware Workstation	x86、x86 - 84	Windows、Linux	Windows、Linux、Solaris、FreeBSD、SCO
VMware Server	x86、x86 - 84	—	Windows、Linux、Solaris、FreeBSD、SCO
XEN	x86、x86 - 84 IA64	NetBSD、Linux、Solaris	FreeBSD、NetBSD、Linux、Solaris、Windows
KVM	x86、x86 - 84、IA64、PowerPC	Linux	Linux、Windows、FreeBSD、Solaris

在客体 OS 上部署应用软件与在物理计算机上部署的方法基本一样。

项目实施

将物联网应用软件设计方案编写成规范的文档，供软件开发人员使用。

下面给出一个提纲，可将其作为模板参考。

1. 智能园区的应用软件功能设计

2. 智能园区的应用软件设计

  2.1 软件设计方法的选择

  2.2 软件平台和工具的选择

  2.3 硬件工具选择

3. 智能园区应用软件的部署情况

4. 注释和说明

参考以上提纲内容，编写物联网应用软件设计文档。其中，必须完成的任务有：智能园区的应用软件功能设计；智能园区的应用软件设计；智能园区应用软件的部署情况。

项目6 物联网工程实施和管理维护

本项目主要介绍工程实施过程、招投标过程、实施过程管理、质量监控和验收、物联网测试与维护、网络故障分析与处理，以及网络运行检测与管理内容。

1. 任务要求

以某个智能园区为整体项目名称，设计物联网工程实施和管理维护方案。

2. 任务指标

（1）智能园区网络测试内容和相应的方法。
（2）智能园区网络管理方案，包括管理手段和故障诊断工具。
（3）编写物联网工程实施和管理维护设计文档。

3. 重点内容

（1）了解物联网工程实施过程。
（2）掌握物联网故障分析和处理方法。
（3）掌握物联网工程实施和管理维护设计文档的编写方法。

4. 关键术语

工程实施：工程实施是物联网工程的重要环节，通过工程实施，设计方案变成可用的系统。在工程实施过程中及实施完成后，需要对系统进行测试，以检查物联网系统能否正常运行，是否实现预期功能并达到预期目标。

6.1 物联网工程的实施过程

项目实施的流程一般分为6个阶段，分别是项目招投标阶段、项目启动阶段、项目具体实施阶段、项目测试阶段、项目验收阶段、项目售后服务和培训阶段。

1. 项目招投标阶段

1）承建方寻标
承建方通过各种途径搜罗项目信息，以寻求投标、承接工程的机会。

2）建设方投标或邀标直接委托
按照相关规定，对于金额较大的项目，建设方应通过公开招标的方式确定承建方。

3）购买招标文件

承建方在规定的时间到指定地点购买招标文件（标书）。

4）现场调研

承建方组织技术人员到现场调研，进一步了解要求和工程实施中可能遇到的问题。

5）招标咨询会

拟参加投标者可能对标书有疑问，会提问出很多疑问。发标方按规定应不单独进行解答，而是通知所有购买了标书的单位在指定时间参加发标方召开的咨询会，统一回答。

6）承建方投标

承建方组织技术和销售等方面人员编写投标书，并在规定时间内投标。

7）评标

招标机构按事先确定的时间和地点组织专家评标，确定中标者，并进行公示。

8）签订合同

承建方中标后，在规定时间完成合同签署。

2. 项目启动阶段

1）承建方深入调研

承建方组织技术人员对需求进行深入调查。

2）设计详细的技术方案和施工计划

承建方在深入调查的基础上设计技术方案，制订包含具体进度的施工计划。

3. 项目具体实施阶段

1）场地准备

承建方对施工现场进行准备，如申报施工许可、腾空场地，有时还需要搭建施工人员的临时住房。

2）采购工程所需设备和辅助材料

承建方购买工程所需的各种设备及辅助材料。有些进口设备需要较长的时间才能到货，必须尽早安排。根据承建方的单位性质，对于大型设备（或工程），可能需要通过招标的方式进行采购，对此需要做好招标文件，走招标流程。

3）组织施工

根据施工设计，组织各类人员各司其职，进行项目施工。

4. 项目测试阶段

1）单元测试

承建方对各单元进行测试，并根据测试结果进行完善。

2）综合测试

承建方对整个项目进行综合测试，确定是否达到设计要求。

3）第三方测试

对于大型工程，按照合同约定，承建方可能需要提交第三方的测试报告，即由承建方邀请有资质的第三方专业机构对整个系统进行总体检测。

5. 项目验收阶段

1）提交验收申请

在经过试运行并确认工程项目达到设计要求后，承建方向建设方提出验收申请。

2）准备验收文件

准备承建方编制验收所需的各种文档。

3）鉴定验收

建设方（或建设方委托的第三方组织）对项目进行鉴定验收。对于大型或复杂的工程项目，验收可分为初验和终验两个步骤，初验通过后会继续试运行一段时间，然后进行终验。

6. 项目售后服务和培训阶段

1）继续进行用户培训

用户进行深入培训，以保证系统更好地运行。

2）定期巡查

承建方定期巡查，与建设方交流运行过程的各类信息，并对设备进行例行检查和维护。

3）及时处置故障

在运行过程中，可能会出现各种故障，承建方应按合同要求对故障及时予以解决。

4）续保

在质保期过后，承建方通常与建设方协商，签订新的服务合同，有偿提供售后服务。

6.2　招投标与设备采购

招标和投标是一种贸易方式的两个方面。该贸易方式既适用于采购物资设备，又适用于发包工程项目。招标，是由招标人（采购方或工程业主，即甲方）发出招标通告，说明需要采购的商品或发包工程项目的具体内容，邀请投标人（卖方或工程承包商，即乙方）在规定的时间和地点投标，并与所提条件对招标人最有利的投标人订约的一种行为。投标，是投标人应招标人的邀请，根据招标人规定的条件，在规定的时间和地点向招标人递盘以争取成交的行为。

6.2.1　招标方式

招标分为公开招标和邀请招标。

1. 公开招标

公开招标是招标人通过发布招标公告的方式邀请不特定的法人或者其他组织投标。

公开招标又称竞争性招标，由招标人在报刊、电子网络或其他媒体上刊登招标公告，吸引众多企业单位来参加投标竞争，招标人从中择优选择中标单位。

按照竞争程度的不同，公开招标可分为国际竞争性招标和国内竞争性招标。

2. 邀请招标

邀请招标是指招标人以投标邀请的方式邀请特定的法人或其他组织投标。

邀请招标又称有限竞争招标，由招标人选择若干供应商或承包商，向其发出投标邀请，由被邀请的供应商或承包商投标竞争，从中选定中标者。

邀请招标不使用公开的公告形式，只有受到邀请的单位才是合格投标人，且投标人的数量有限。

6.2.2　招标过程

招标过程如下：

（1）招标方聘请监理部门工作人员，根据需求分析阶段提交的网络系统集成方案来编制网络工程标底。

（2）做好招标工作的前期准备，编制标书。

（3）发布招标通告或邀请函，负责对有关网络工程问题进行咨询。

（4）接收投标单位递送的标书。

（5）对投标单位的资格、企业资质等进行资格审查。审查内容包括企业注册资金、网络系统集成工程案例、技术人员配置、各种网络代理资格属实情况，以及各种网络资质证书的属实情况等。

（6）邀请计算机专家、网络专家组成评标委员会。

（7）开标。公开招标各方资料，准备评标。

（8）评标。邀请具有评标资质的专家参与评标，对参评方各项条件公平打分，选择得分最高的投标方。

（9）中标。公告中标方，并与中标方签订正式工程合同。

6.2.3　评标要点

除价格条件外，技术质量、工程进度或交货期，以及投标方所提供的服务等条件都将影响投标的优劣。招标人必须对投标进行审核、比较，然后择优确定中标人选。其主要工作如下：

（1）审查投标文件。其内容是否符合招标文件的要求；数据是否正确；技术是否可行；等等。

（2）比较投标人的交易条件。可采用逐项打分、集体评议或投票表决方式，确定中标人选。初步确定中标人选后，可以有一个（或若干个）替补人选。

（3）对中标人选进行资格复审。如果第一中标人经复审合格，即成为该次招标的中标人，否则依次复审替补中标人选。

凡出现下列情况之一者，招标人可宣布招标失败，重新组织第二轮招标：

（1）来参加的投标人太少，缺乏竞争性。

（2）所有投标书和招标要求不符。

（3）投标价格均明显超过国内、国际市场平均价格。

6.2.4 标书

标书包含商务文件、技术文件、价格文件。

1. 商务文件

商务文件是证明投标人履行了合法手续及招标人了解投标人的商业资信及合法性的文件，一般包括投标保函、投标人的授权书及证明文件、联合体投标人提供的联合协议及投标人所代表的公司资信证明等。如果有分包商，则还应出具相关资信文件，供招标人审查。

2. 技术文件

如果是建设项目，则包括全部施工组织设计内容，用以评价投标人的技术实力和经验。技术复杂的项目对技术文件的编写内容及格式均有详细要求，投标人应当认真按照规定填写。

3. 价格文件

价格文件是标书的核心，全部价格文件必须完全按照招标文件的规定格式编制，不允许有任何改动。如果某项有漏填，则视为该项价格已经包含在其他价格报价中。

6.3 过程管理和质量监控

6.3.1 施工进度计划

施工项目进度控制是指在既定的工期内制订最优的施工进度计划，在执行该计划的施工中经常检查施工的实际进度情况，并将其与计划进度相比较，若出现偏差，则分析产生的原因和对工期的影响程度，找出必要的调整措施，修改原计划。如此不断循环，直至工程竣工验收。

施工项目进度控制的总目标是确保施工项目的既定目标在计划工期内顺利实现，或者在保证施工质量和不因此而增加施工实际成本的条件下适当缩短施工工期。为了对施工进度进行控制和协调，可用甘特图或网络图来绘制施工进度表。

甘特图通过活动列表和时间刻度表示特定项目的顺序与持续时间，以横轴表示时间，纵轴表示项目，线条表示期间计划和实际完成情况，如图 6-1 所示。甘特图可以直观地表明计划在何时进行，以及进展与要求的对比，便于管理者掌握项目的剩余任务，评估工作进度。

甘特图具有直观的优点，但只能显示，不方便实时、动态管理。

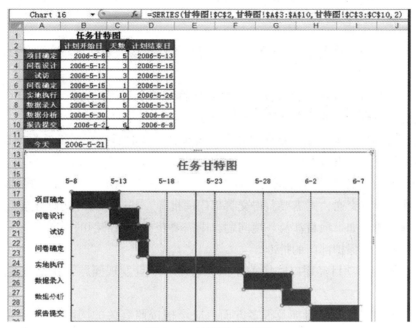

图6-1 甘特图（示例）

在实际工作中，管理人员一般按照时间单位在进度表上标注实际进度。例如，用不同的颜色表示进度计划和实际进度，对照时间轴就可以明显地看出项目当前的进度是超前、落后，还是和计划保持一致。为此，可以制订更加简单的进度计划表，如图6-2所示。

	时间(日)			3月												
内容	负责人	工作成果	27	28	29	30	31	1	2	3	4	5	6	7	8	9	
案确认			方案确认														
案提交																	
案审核																	
案确认																	
期准备								前期准备									
案准备																	
片准备																	
页面制作																	
E. 微群管理员																	
动执行																	
动发布																	
博转发																	
群置顶																	
动收尾																	
获奖名单																	
放奖品																	
果分析																	
otes:																	

图6-2 简易进度计划表（示例）

通常，可以使用Microsoft Project来绘制进度计划表；对于比较简单的进度计划表，可以使用Microsoft Excel进行绘制。

6.3.2　施工过程管理

乙方的施工过程涉及多方面，管理工作的好坏往往直接关系项目的成败，一般应注意以下事项。

（1）成立项目部，任命项目经理，全权对项目实施全过程进行管理。通常可实行项目制，即将项目部当成独立的核算单位进行财务核算。

（2）协调好与甲方的关系，定期召开项目碰头会，及时解决在施工过程中遇到的问题，并对下一步工作预先提出方案。

（3）协调与有关管理部门的关系。如果工程涉及占道开挖等，则需要得到城管部门的批准；如果项目影响交通，则需要获得交管部门的批准，并协助做好交通方案，必要时安排人员协助管理交通；如果项目涉及环境问题，则需要获得环保部门的批准；如果项目涉及文物，则需要获得文物保护部门的批准。

（4）进度管理。项目经理应密切关注工程进度，一旦发现问题，就及时召集相关人员商讨解决。

（5）质量管理。工程质量涉及很多方面，应严格按照有关的国际标准、国家标准、行业标准及企业标准进行施工，严格检查。

（6）安全管理。应制定严格的操作规范并督促执行，杜绝生产事故的发生。

6.3.3　施工质量控制

施工质量决定整个系统的质量和水平，为保证工程质量，施工单位应严格按照相关标准和规范进行施工。

6.4　工程验收

工程验收是实现投资确认、认定工程质量及确认工程性能的重要环节，是后期维护管理的基础，是项目完成的标志，也是支付工程款的依据。

6.4.1　物联网工程验收的内容

物联网工程验收通常分为感知系统验收、控制系统验收、传输系统验收、网络系统验收、应用系统验收、数据中心系统验收、机房工程验收等部分。

1. 感知系统验收

根据具体形成，感知系统可能包含 RFID 系统、无线传感器系统、视频监测系统、光纤传感器系统、特殊检测（如交通检测、气象检测等）系统，应当对每个系统逐一进行测试和验收。

2. 控制系统验收

对于有控制系统的物联网工程，需要对执行系统、控制装置进行测试和验收。

3. 传输系统验收

传输系统验收包括对远距离无线传输系统、干线光缆及附属装置、近距离无线传输系统、园区/建筑物内的结构化布线系统等进行验收。

4. 网络系统验收

网络系统验收主要包括验证交换机、路由器等互联设备和服务器以及用户计算机、存储设备等是否具有应有的功能，是否满足网络标准，能否互联互通。

验收网络系统时，还应该收集以下几方面的信息：

（1）网络布线图，包括逻辑图和物理图。

（2）网络信息，包括网络的 IP 地址规划和掩码、VLAN、路由配置、交换机端口配置和服务器的 IP 地址等。

（3）正常运行时交换机主干口的流量趋势图、网络层协议分布图、传输层协议分布图、应用层协议分布图等，这些信息可作为后期网络管理的测试基准。

5. 应用系统验收

应用系统验收的主要验证项目有服务响应时间、服务的稳定性等。

6. 数据中心系统验收

数据中心系统验收的验证项目包括各服务器的硬件和软件配置、存储系统的容量及结构、服务器间的互连方式及带宽、服务器上的作业管理系统的版本及配置、数据库管理系统的配置、容错与容灾配置、远程管理系统等。

7. 机房工程验收

机房工程验收主要验证输入线路是否满足最大负荷、接地是否符合要求、空调的制冷量及最热状况下的满足度、消防是否符合要求、监控与报警系统的功能及报警方式是否满足需要等。

6.4.2 验收文档

验收文档是物联网工程验收的重要组成部分，通常包括系统设计方案、布线系统相关文档、设备技术文档、设备配置文档、应用系统技术文档、用户报告、用户培训及使用手册、验收单等。

6.5 物联网运行维护与管理

在物联网工程实施过程中及实施完毕后，都需要对其进行测试，以检验物联网系统是否正常运行，能否实现预期功能、达到预期目标。

6.5.1　物联网测试

物联网测试的内容通常包括终端测试、通信线路测试、网络测试、数据中心设备测试、应用系统测试、安全测试。

1. 终端测试

终端包括各种感知设备、控制设备，以及面向终端的供电设备、通信设备等。终端设备通常分散在较大的区域甚至无人区域，因此测试的工作量很大。

2. 通信线路测试

通信线路测试包括对终端通信线路、接入通信线路、汇聚通信线路、骨干通信线路、数据中心网络线路等的测试，介质类型包括无线线路、红外线路、光纤线路、UTP/STP 线路等。

3. 网络测试

网络设备包括无线 AP、交换机、路由器、防火墙、IDS/IPS、微波设备、卫星地面设备、专用蜂窝设备及网络管理设备等。在对设备进行网络测试时，不仅要测试设备本身，还要测试与其相连的通信链路的协同工作状态。

4. 数据中心设备测试

数据中心设备测试包括对各种服务器、数据存储设备及其软件系统的测试。

5. 应用系统测试

应用系统测试包括对应用系统的功能、性能、可靠性等进行测试。应用系统的测试应与实际的物联网关联，在真实数据环境下进行。

6. 安全测试

安全测试包括终端安全、网络安全、应用系统安全等测试。

6.5.2　测试方法

网络测试的方法有很多，根据测试中是否向被测试网络注入测试流量，网络测试分为主动测试和被动测试。

1. 主动测试

主动测试是指利用测试工具有目的地主动向被测网络注入测试流量，并根据测试流量的传输情况来分析网络技术参数的测试方法。

主动测试具备良好的灵活性，能够根据测试环境来控制测试中所产生的测试流量的特征，如特性、采样技术、时标频率、调度、包大小、类型（模拟各种应用）等。

主动测试使测试能够按照测试者的意图进行，容易进行场景仿真。但是，主动测试会主动向被测试网络注入测试流量，是"入侵式"测试，这必然会带来一定的安全隐患，因此应在测试前进行细致的测试规划，尽量降低主动测试的安全隐患。

2. 被动测试

被动测试是指利用特定测试工具收集网络中的活动元素的特定信息，以这些信息作参考，通过量化分析来实现对网络性能、功能测试的方法。

常用的被动测试方式有：通过 SNMP 协议读取相关 MIB（Management Information Base，管理信息库）信息；通过 Sniffer 或 Ethereal 等专用数据捕获分析工具进行测试。

被动测试不会主动向被测试网络注入测试流量，因此不存在注入 DDoS（Distributed Denial of Service，分布式拒绝服务）攻击、网络欺骗等安全隐患，具有较高的安全性。

6.5.3　测试工具

常用的网络测试工具有线缆测试仪、网络协议分析仪、网络测试仪。

线缆测试仪用于检测线缆质量，可以直接判断线路的通断状况。网络协议分析仪多用于网络的被动测试，利用网络分析仪可以捕获网络上的数据报和数据帧，网络维护人员对捕获的数据进行分析，可以迅速检查网络问题。网络测试仪多用于网络的主动测试，是专用的软硬件结合的测试设备，具有特殊的测试板卡和测试软件，能对网络设备、网络系统、网络应用进行综合测试，典型的网络测试仪为 Fluke 网络测试分析仪。

6.5.4　测试计划

在测试之前，应制订详细的测试计划，然后依据测试计划来选用合适的测试设备（或系统）进行测试。

1. 终端测试

1）RFID 系统终端测试

RFID 系统终端测试（示例）如图 6-3 所示。

测试时间_____　　　　　测试人员_____　　　　　测试设备_____

序号	终端编号	名称	安装位置	测试内容	测试方法	理论值	实测值
1	1-01-004	RFID 阅读器	大门1号位	读标签	实际读写	10 m	
2	1-01-004	RFID 阅读器	大门1号位	结果显示	现场观察	正确	

图 6-3　RFID 系统终端测试（示例）

2）传感器测试

传感器测试主要检测各类传感器是否正常工作，可以采用类似 RFID 系统终端测试的方法进行测试。

3）控制装置测试

控制装置测试的主要目的是检验装置在给定条件下是否正确地执行了预定的控制功能。

2. 通用线路测试

通用线路测试用于了解跳线、插座及模块等连接部件的实际物理特征，以便清楚地判断每根线缆的安装及连接是否正确。

3. 网络设备测试

网络设备测试用于对网络设备（如交换机、路由器、防火墙等）进行性能测试，以便了解设备完成各项功能时的性能情况。性能测试的参数包括吞吐量、时延、帧丢失率、数据帧处理能力、地址缓冲容量、地址学习速率及协议的一致性等。

6.5.5 网络系统综合测试

网络系统综合测试主要验证网络能否为应用系统提供稳定、高效的网络平台，包括系统连通性、链路传输速率、吞吐率、传输时延、丢包率等基础测试。

1. 系统连通性测试

系统连通性测试需要将测试工具连接选定的接入层设备，然后用测试工具对网络的服务器、核心层、汇聚层的关键网络设备进行 10 次 Ping 测试，每次间隔 1 s，以测试网络的连通性。测试路径要覆盖所有子网和 VLAN。

2. 链路传输速率测试

链路传输速率测试是指测试设备通过网络传输数字信息的速率。发送端口和接收端口的利用率对应关系如表 6 - 1 所示。

表 6 - 1　发送端口和接收端口的利用率对应关系

网络类型	全双工交换式以太网		共享式以太网/半双工交换式以太网	
	发送端口利用率/%	接收端口利用率/%	发送端口利用率/%	接收端口利用率/%
10 M 以太网	100	≥99	50	≥45
100 M 以太网	100	≥99	50	≥45
1 000 M 以太网	100	≥99	50	≥45

3. 吞吐率测试

吞吐率测试是指测试空载网络在没有丢包的情况下，被测网络链路所能达到的最大数据包转发速率。系统的吞吐率要求如表 6 - 2 所示。

表6-2 系统的吞吐率要求

测试帧长/字节	10 M 以太网		100 M 以太网		1 000 M 以太网	
	帧速/(帧·s^{-1})	吞吐率/%	帧速/(帧·s^{-1})	吞吐率/%	帧速/(帧·s^{-1})	吞吐率/%
64	≥14 731	≥99	≥104 166	≥70	≥1 041 667	≥70
128	≥8 361	≥99	≥67 567	≥80	≥633 446	≥75
256	≥4 483	≥99	≥40 760	≥90	≥362 318	≥80
512	≥2 326	≥99	≥23 261	≥99	≥199 718	≥85
1 024	≥1 185	≥99	≥11 853	≥99	≥107 758	≥90
1 280	≥951	≥99	≥9 519	≥99	≥91 345	≥95
1 518	≥804	≥99	≥8 046	≥99	≥80 461	≥99

4. 传输时延测试

传输时延测试是指测试数据包从发送端到目的端所经历的时间。在网络正常的情况下，传输时延应不影响各种业务的使用。两种传输时延测试结构示意如图6-4所示。

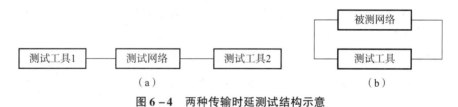

（a）　　　　　　　（b）

图6-4 两种传输时延测试结构示意

5. 丢包率测试

丢包率是指网络在70%流量负荷情况下，由于网络性能问题而造成部分数据包无法被转发的比例。在进行丢包率测试时，需按照不同的帧长度进行测量，测得的丢包率应该遵循的标准如表6-3所示。

表6-3 丢包率标准

测试帧长/字节	10 M 以太网		100 M 以太网		1 000 M 以太网	
	流量负荷/%	丢包率/%	流量负荷/%	丢包率/%	流量负荷/%	丢包率/%
64	70	≤0.1	70	≤0.1	70	≤0.1
128	70	≤0.1	70	≤0.1	70	≤0.1
256	70	≤0.1	70	≤0.1	70	≤0.1
512	70	≤0.1	70	≤0.1	70	≤0.1
1 024	70	≤0.1	70	≤0.1	70	≤0.1
1 280	70	≤0.1	70	≤0.1	70	≤0.1
1 518	70	≤0.1	70	≤0.1	70	≤0.1

6.5.6 数据中心设备测试

数据中心设备测试主要有服务器测试、存储设备测试、核心网络设备测试、配电与 UPS 测试、制冷系统测试、消防系统测试、监控与报警系统测试等。

6.5.7 应用服务性能测试

1. 应用服务标准

1）DHCP 服务性能指标

DHCP 服务器响应时间应不超过 0.5 s。

2）DNS 服务性能指标

DNS 服务器响应时间应不超过 0.5 s；

3）Web 访问服务性能指标

（1）HTTP 第一响应时间：内部网站点访问时间不超过 1 s。

（2）HTTP 接收速率：内部网站点访问速率应不小于 10 000 B/s。

4）E-mail 服务性能指标

（1）邮件写入时间：1 KB 邮件写入服务器时间应不超过 1 s。

（2）邮件读取时间：从服务器读取 1 KB 邮件的时间应不超过 1 s。

5）文件服务性能指标

文件服务器性能指标应符合表 6-4 所示的规定。

表 6-4 文件服务器性能指标

测试指标	指标要求（文件大小为 100 KB）
服务器连接时间	≤0.5 s
写入速率	>10 000 B/s
读取速率	>10 000 B/s
删除时间	≤0.5 s
断开时间	≤0.5 s

6.5.8 安全测试

安全测试主要包括系统漏洞测试和应用系统安全测试。典型的漏洞测试工具有 360 企业版；系统安全测试可使用 IDS（Intrusion Detection System，入侵检测系统）、网站漏洞监测系统等。

6.6　物联网维护

物联网维护的主要目的是排除物联网的故障或故障隐患，并进行性能优化，以保证物联网持续稳定地运行。

6.6.1　隐患排除

1）火灾隐患

定期检查数据中心、室外网络设备部署位置、感知设备部署位置、有线通信线路敷设位置等有无导致火灾的隐患，如是否有易燃易爆物品，是否有用电负荷过载、线路老化的问题等。

2）水灾隐患

检查室内有无漏水的可能、室外设施有无淹水（或被雨水浇湿）的可能，并采取相应防护措施。

3）通信隐患

检查有线通信线路有无被盗窃、被破坏的可能，并采取相应的安保措施；检查无线通信环境有无干扰源出现。

4）设备隐患

定期检查设备的运行状态，并处理异常情况。

5）软件隐患

谨慎对待软件的自动升级，通常应关闭非必要功能的自动升级功能。

6）供电隐患

定期检查室外设备的电池、UPS的电池，并及时更换。

7）安全隐患

经常检查有无网络攻击，并及时处理各类攻击事件；检查各种密码是否在有效期内，并定期更改系统的相关密码。

8）存储隐患

定期检查存储空间是否有剩余，并及时清理无用的数据，保证有足够的存储空间存放有用数据；检查备份/容灾系统是否正常，并及时处理异常事件。

6.6.2　性能优化

优化物联网的目的是尽量使各部分的性能达到最优，并消除性能瓶颈，从而使整个系统的性能达到最优。

1）确定性能瓶颈

通过理论计算、实际测试和结果对比分析，找出整个系统的性能瓶颈。

2）对瓶颈进行优化

例如，将设备替换为更高性能的设备，如更高主频的 CPU、更高带宽的通信介质和收发器及升级版的硬件和软件等；增加配置，如增加内存容量、CPU 数量等。

重复上述过程，直到瓶颈基本消除或整体性能达到最优。

6.6.3 故障分析与处理

物联网环境越复杂，出现故障的可能性就越大，引发的原因也越难确定。对此，应利用特定的故障排除工具及技巧，在具体的物联网环境下观察故障现象并进行细致分析，找出引发故障的原因。

1. 物联网故障的分类

物联网系统可能出现的故障很多，按照故障单元的功能类别分类，物联网故障主要有通信故障、硬件故障、软件故障，如表 6 – 5 ~ 表 6 – 7 所示。

表 6 – 5　通信故障

故障种类	故障原因
有线链路不通	线路断开；线路超过限定长度
无线链路不通	距离太远，超出信号覆盖范围；干扰严重；障碍物阻挡
不能收发数据	网卡故障；网卡连接协议配置错误；地址错误
数据收发不稳定	线路连接不牢；无线干扰严重；网络攻击
交换机不转发数据	VLAN 配置错误；ACL 配置错误；网络形成环路；设备损坏
路由器不转发数据	路由配置错误；地址错误；设备损坏；流量过载

表 6 – 6　硬件故障

故障种类	故障原因
RFID 不能读写	距离太远；设备故障；标签内损坏；标签内程序/数据错误
传感器不发送数据	电池耗尽；传感器故障；通信模块故障；距离超限；存储溢出
执行器不动作	设备故障；接收不到指令；电池耗尽或供电故障
传输网关故障	供电故障；设备损坏；配置错误
交换机故障	供电故障；设备损坏
路由器故障	供电故障；设备损坏；配置错误
计算机故障	部件损坏；软件错误

表6-7 软件故障

故障种类	故障原因
驱动程序错误	版本错误
通信软件错误	协议未正确安装；协议版本不正确；协议配置错误
系统软件错误	权限设置不当；软件版本不兼容；软件配置错误
应用软件运行错误	数据异常；软件错误；用户操作错误
结果错误	软件错误；网络攻击

2. 故障排除过程

一般故障排除的处理流程如图6-5所示。

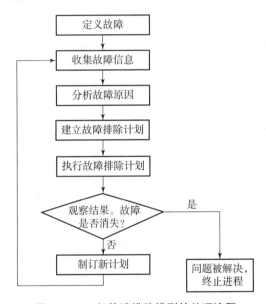

图6-5 一般故障排除模型的处理流程

1）定义故障

在分析网络故障前，要对网络故障进行清晰的描述，并根据故障的一系列现象及潜在的症结对其进行准确定义，找到产生故障的根源。例如，主机未对客户机的服务请求做出响应，可能产生这一现象的原因主要有主机配置错误、网络接口卡损坏、路由器配置不正确等。

2）收集故障信息

收集故障信息有助于确定故障症结的各种信息。可以向受故障影响的用户、网络管理员询问详细情况，或从网络管理系统、协议分析仪的跟踪记录、路由器诊断命令的输出信息及软件发行注释信息等信息源中收集有用的信息。

3）分析故障原因

依据所收集的各种信息来分析可能引发故障的原因，充分利用每一条有用的信息，尽可能缩小目标范围，找出高效的故障排除方法。

4）建立故障排除计划

制订故障排除计划，从最可能的症结入手，每次只做一处改动，这有助于确定排除故障的方法。

5）执行故障排除计划

实施故障排除计划，同时进行测试，查看相应的故障现象是否消失。

6）观察结果

在做出一处改动时，要注意收集和记录相应操作的反馈信息。

7）分析操作结果

分析结果，确定故障是否已被排除。如果故障已被排除，则整个故障排除过程结束。

8）制订新计划

分析操作结果后，如果故障依然存在，就需要返回第二步（即收集故障信息），针对剩余潜在原因中最可能的一个原因制订相应的故障排除计划并实施。重复此过程，直到排除故障为止。

3. 物联网故障诊断工具

排除物理网络故障的常用工具有多种，总体来说可分为三类：设备（或系统）诊断命令；网络管理工具；专用故障诊断工具。

1）设备（或系统）诊断命令

许多网络设备及系统本身提供了大量的集成命令来监视网络并对其进行故障诊断和排除，常用的命令主要有 Show、Debug、Ping、Tracert。其中，Show 命令既可以监测系统的安装情况和网络的正常运行状况，又可以用于定位故障区域；Debug 命令主要用于诊断协议和配置的问题；Ping 命令主要用于检测网络上不同设备之间的连通性；Tracert 命令用于确定数据包在从一台设备到另一台设备直至目的地的过程中所经历的路径。

2）网络管理工具

很多厂商推出的网络管理工具（如 CiscoWorks、Network Magic）都含有故障监测及排除功能，有助于网络互联环境的管理和故障排除。下面以 CiscoWorks 为例，介绍网络管理工具的主要功能。

（1）Configuration Builder：可以进行重复的地址和配置检测功能；了解硬件功能，如探测某设备的型号、软件版本、图像类型以及所安装接口的数目和类型；远程配置功能以及支持访问服务器和集线器功能。此外，还允许配置图表程序、能够为访问服务器提供路由选择和终端服务，能够为 IP 和 IPX 及协议转换配置按需拨号路由选择。

（2）Show Commands：能够快速显示有关 Cisco 路由选择设备的系统和协议的详细信息。

（3）Health Monitor：这是一个动态的错误和性能管理工具，可以提供设备特性、接口状态、错误和协议使用率的实时统计数据，还可以通过颜色变化来显示 CPU 和环境的改变，使用 SNMP 监视和控制 Cisco 设备。

3）专用故障诊断工具

在有些情况下，使用专用的故障诊断工具排除故障可能比使用设备或系统中的集成命令更有效。典型的用于诊断网络故障的专用工具如下。

（1）欧姆表、数字万用表、电缆测试器：用于检测电缆设备的物理连通性。

（2）网络分析仪：能够对不同协议层的通信数据进行解码，以便于阅读的缩略语（或概述形式）来显示，详细表示哪层被调动，以及每字节（或字节内容）所起的作用。大多数网络分析仪能实现按照特定的标准对通信数据进行过滤、为截获的数据添加时间标签、以阅读形式展现协议层的数据信息等功能。

（3）网络监视器：可以持续不断地跟踪数据包在网络上的传输，提供任意时刻网络活动的精确描述或者一段时间内网络活动的历史记录。网络监视器提供了"网络利用率""每秒帧数""每秒字节数""每秒广播数"等网络通信监控功能，对于网络故障的排除和网络监控具有非常重要的作用。

（4）断接盒、智能测试盘、BERT/BLERT：这是用于测试 PC、打印机、调制解调器、信道服务设备/数字服务设备及其他外围数字接口的测试工具。

项目实施

将物联网工程实施和测试方案编写成规范的文档，供项目实施和管理人员使用。

下面给出一份提纲，可将其作为模板参考。

1. 智能园区网络测试内容和相应的方法
2. 智能园区网络管理方案
   2.1 管理手段选择
   2.2 故障诊断工具选择
3. 注释和说明

参考以上提纲内容，编写物联网工程实施和测试设计文档。其中，必须完成的内容有：智能园区网络测试内容和相应的方法；智能园区网络管理方案。

参 考 文 献

[1] 黄传河，涂航，任春香．物联网工程设计与实施[M]．北京：机械工业出版社，2015.

[2] 张殿明．网络工程规划与设计[M]．北京：清华大学出版社，2010.

[3] 桂劲松．物联网系统设计[M]．北京：电子工业出版社，2013.

[4] 温昱．软件架构设计[M]．北京：电子工业出版社，2014.

[5] 方睿．网络测试技术[M]．北京：北京邮电大学出版社，2010.

[6] 曹庆华．网络测试与故障诊断实验教程[M]．北京：清华大学出版社，2011.

[7] 赵贻竹，鲁宝伟，徐有青．物联网系统安全与应用[M]．北京：电子工业出版社，2014.

[8] 吴功宜，吴英．物联网工程导论[M]．北京：机械工业出版社，2012.